Vermessungskunde

von

Dr. Ing., Dr. Ing. E. h. Walter Großmann
o. Professor an der Technischen Hochschule Hannover

II

Horizontalaufnahmen und ebene Rechnungen

Zehnte, verbesserte Auflage

Mit 101 Figuren

Sammlung Göschen Band 469/469 a

Walter de Gruyter & Co · Berlin 1967

vormals G. J. Göschen'sche Verlagshandlung · J. Guttentag, Verlagsbuchhandlung · Georg Reimer · Karl J. Trübner · Veit & Comp.

Die Gesamtdarstellung umfaßt noch folgende Bände:

Band I: Stückvermessung und Nivellieren (Sammlung Göschen Band 468). Inhalt: Grundlagen; Abstecken und Messen gerader Linien; Aufnehmen und Auftragen kleiner Lagepläne; Flächenberechnung; Bestandteile geodätischer Meßinstrumente; Instrumente und Geräte zum Nivellieren; Nivellierverfahren. 12. Aufl. 1965.

Band III: Trigonometrische und barometrische Höhenmessung, Tachymetrie und Absteckungen. (Sammlung Göschen Band 862). Inhalt: Trigonometrische Höhenmessung; Barometrische Höhenmessung; Tachymetrische Instrumente; Tachymetrische und topographische Aufnahmeverfahren; Absteckungsarbeiten. 8. Aufl. 1965.

Für die 1. bis 7. Auflage (1910 bis 1949) dieses Bandes II zeichnete als Verfasser Professor Dr. Paul Werkmeister. 1959 erschien eine vollständige Neubearbeitung (8. Aufl.) von Professor Dr. Walter Großmann, die die Grundlage der 9. Auflage (1963) und dieser vorstehenden Auflage ist.

— Archiv-Nr. 7990679. — Satz und Druck: Walter de Gruyter & Co., Berlin 30. — Printed in Germany.

Inhaltsverzeichnis

Seite

4 Trigonometrische Punktbestimmung

1 Der Theodolit und das Messen von Horizontalwinkeln

11 Horizontal-, Vertikal- und Positionswinkel

Es seien drei Punkte A, B und C mit unterschiedlichen Meereshöhen gegeben, und es sei im Punkt B der Winkel ABC zu bestimmen. Dabei kommen verschiedene Winkel in Frage. Der Winkel ABC, der in der durch die drei Punkte A, B und C gegebenen — schiefen — Ebene liegt, heißt Positionswinkel; er kann mit einem Sextanten gemessen werden. In der Geodäsie wird dieser Winkel nicht benutzt; man versteht hier vielmehr unter dem Winkel ABC zunächst den Horizontal- oder Lagewinkel α, der im Punkt B von den Projektionen der Seiten BA und BC auf die Horizontale gebildet wird. Sollen darüber hinaus die Punkte A und C gegenüber B im Raum festgelegt werden, so müssen in B die Vertikal- oder Höhenwinkel β_1 und β_2 beobachtet werden, die die Geraden BA und BC mit der Horizontalen durch B bilden. Das Instrument, mit dem sowohl Horizontal- wie Vertikalwinkel gemessen werden können, ist der Theodolit.

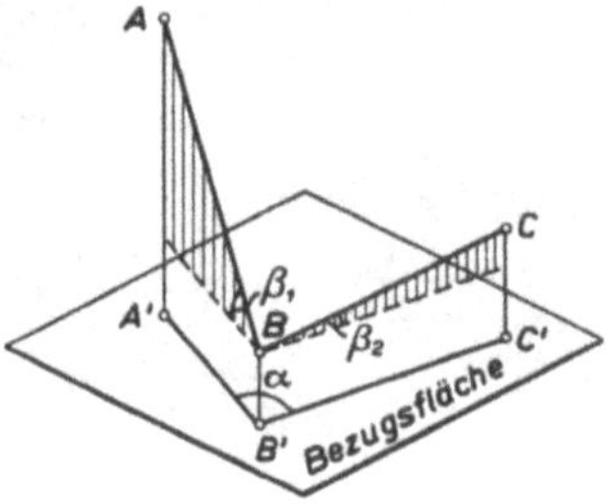

Bild 1.

12 Der Theodolit

12.1 Der äußere Aufbau. Der Theodolit besteht aus dem Unterbau und dem Oberbau. Der Unterbau steht bei der Horizontalwinkelmessung fest; der Oberbau kann um die in die Achsbuchse des Unterbaus hineinfassende Vertikalachse gedreht werden.

Zum Unterbau des Theodolits gehören der Dreifuß mit seinen drei Fußschrauben und der mit einer Gradteilung ausgestattete Horizontal- oder Teilkreis.

Der tragende Teil des Oberbaues ist der Zeigerkreis, der seinen Namen von den an seinem Rande angeordneten Ablesestellen oder Zeigern herleitet und mit einem Fremdwort arabischen Ursprungs auch als *Alhidade* bezeichnet wird. Auf der Alhidade stehen die beiden Fernrohrstützen, die die Horizontal- oder Kippachse und das Fernrohr tragen. Neben dem Fernrohr ist bei den meisten Theodoliten noch ein Höhenkreis angebracht. Ferner befinden sich am Oberbau eine oder mehrere Libellen.

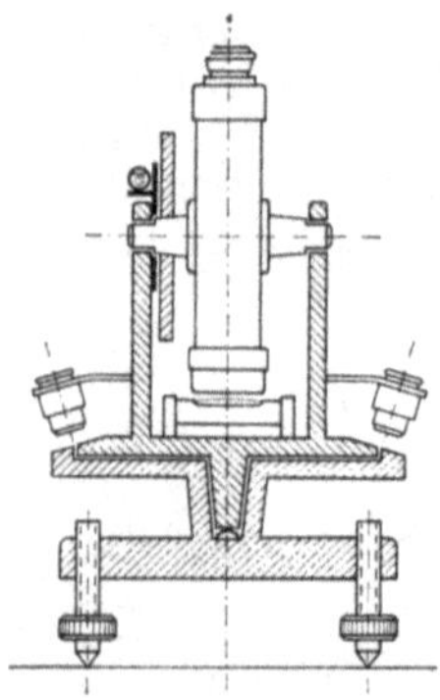

Bild 2. Einfacher Feldmeßtheodolit.

Beim Feldgebrauch wird der Theodolit auf ein Stativ gesetzt, das im Prinzip dem Nivellierstativ [Band I*), 53] entspricht, im ganzen aber etwas kräftiger gebaut ist. Der Stativteller hat in der Mitte einen etwas größeren Ausschnitt, damit das Instrument zum Zentrieren über einem Bodenpunkt nach allen Richtungen um einige Zentimeter verschoben werden kann. Auf dem Stativ wird der Theodolit — wie das Nivellierinstrument — bei älteren Instrumenten mit Schraubstange und Spiralfeder, bei neueren mit Grundplatte, Federplatte und Anzugschraube befestigt.

12.2 Die Achsen.

12.21 *Die Vertikal- oder Stehachsen* der Theodolite sind verschiedenartig ausgebildet. Man unterscheidet im Hinblick auf ihre Form konische und zylindrische Achsen und im Hinblick auf ihre Anordnung einfache Theodolite und Repetitionstheodolite.

*) W. Großmann, Vermessungskunde I, Stückvermessung und Nivellieren; Slg. Göschen Bd. 468. 12. Aufl. Berlin 1965.

Im Unterbau des einfachen Theodolits oder Einachsers (Bild 2) sind Dreifuß und Teilkreis durch einen Rohrstutzen fest miteinander verbunden. Im Innern des Stutzens befindet sich die Dreifußbuchse, in der der Achszapfen der Alhidade auf einer Entlastungsfeder ruht.

Beim Repetitionstheodolit [17.4] ist die feste Verbindung von Dreifuß und Teilkreis aufgegeben und statt dessen ein drehbarer Teilkreis eingebaut, der *Limbus* heißt. Der Repetitionstheodolit hat also zwei Vertikalachsen, die Alhi-

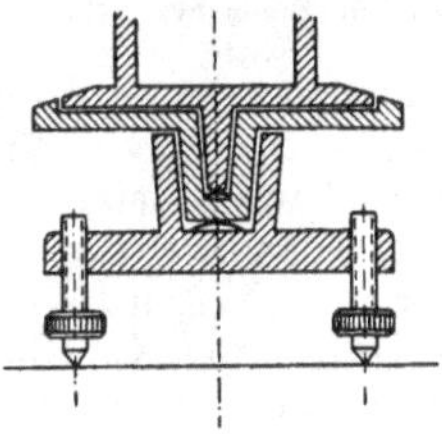

Bild 3.
Reichenbachsches Achssystem.

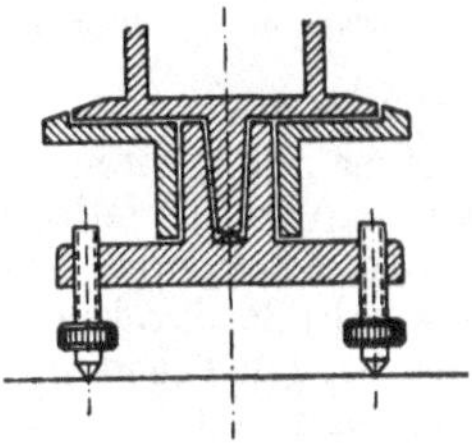

Bild 4.
Bordasches Achssystem.

dadenachse und die Limbusachse, deren jede eigene Klemmen und Feinbewegungsschrauben besitzt [12.4]. Je nach Anordnung der Achsen, die bei älteren Instrumenten durchweg konisch sind, unterscheidet man die Reichenbachsche und die Bordasche Bauart.

Bei Reichenbach (Bild 3) sitzt in der Dreifußbuchse der Achszapfen des Limbus und in einer Ausbohrung des Limbuszapfens der Achszapfen der Alhidade. Beide Achszapfen ruhen auf Entlastungsfedern.

Bei Borda (Bild 4) nimmt die Dreifußbuchse nur den Achszapfen der Alhidade auf. Die hohle Limbusachse umfaßt den Dreifußstutzen von außen, so daß Limbus- und Alhidadenachse einander nicht berühren.

Die neueren Theodolite sind überwiegend mit Zylinderachsen ausgestattet und, soweit sie Repetitionseinrichtungen besitzen, mit Achsgefügen versehen, die etwa der Bordaschen

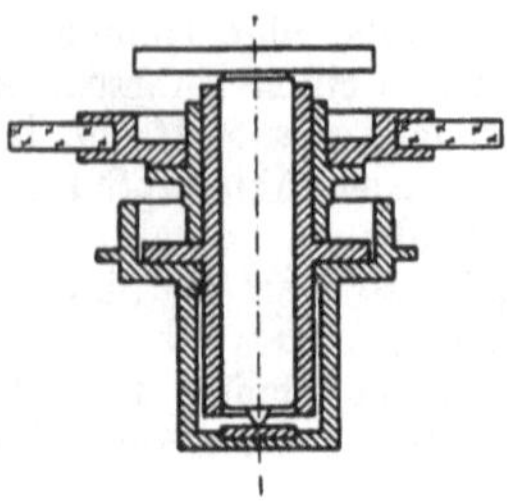

Bild 5. Zeiss'sches Achssystem.

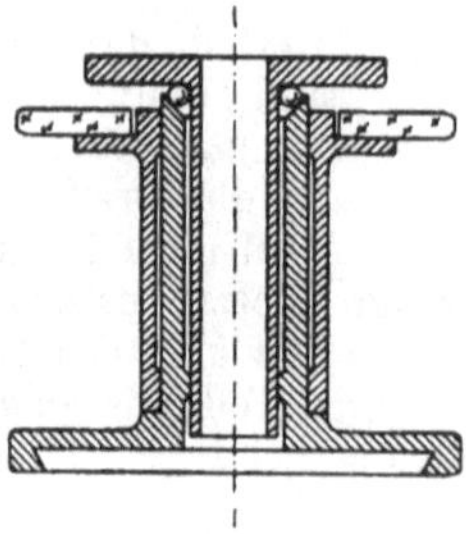

Bild 6. Wildsches Achssystem.

Anordnung entsprechen. Die Alhidadenachse ruht entweder mit einer am unteren Ende des Achszapfens angebrachten Kugel auf der Grundfläche der Buchse (System Zeiss), oder sie wird am oberen Ende durch ein Kugellager und am unteren Ende durch einen Führungsring gehalten (System Wild). Bei den Theodoliten der Firma Kern ist das Kugellager bis an den Rand der Alhidade nach außen gerückt. Ein kurzer Achszapfen dient lediglich der Führung.

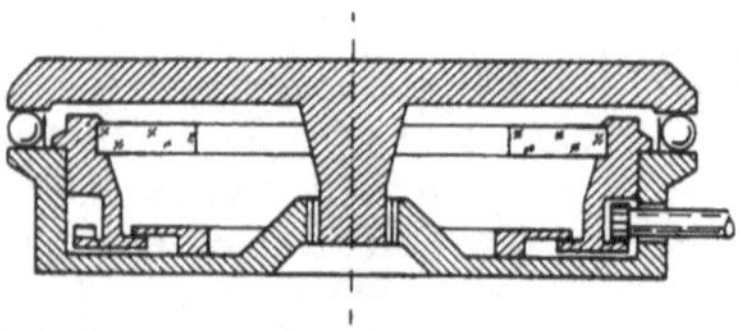

Bild 7. Kernsches Achssystem.

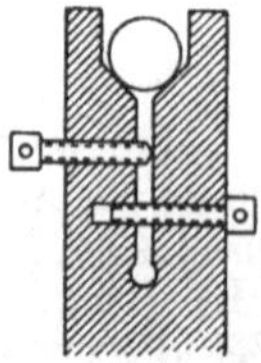

Bild 8. Kippachsenlager.

Zwischen dem einfachen und dem Repetitionstheodolit stehen Instrumente, die wegen ihrer hohen Ablesegenauigkeit keine Repetitionseinrichtung haben, aber einfache Vorrichtungen zum Verstellen des Limbus besitzen. Bei älteren Typen dieser Art wird der Limbus mit der Hand gedreht und in der gewünschten Stellung durch Reibung festgehalten. Bei neuen Instrumenten kann er meistens durch einen auf ein Zahnrad wirkenden Knopf verstellt werden.

Bei Instrumenten für die Zwangszentrierung [15. 2] bilden Oberbau, Kreise und Achsensystem ein in sich zusammenhängendes Oberteil, das mittels einer Klemmvorrichtung im Dreifuß festgehalten wird und nach Lösen der Klemme herausgehoben werden kann (Bild 30).

12.22 *Die Horizontal- oder Kippachse* ermöglicht das Auf- und Abkippen des Fernrohrs in der Vertikalen. Die Lager, in denen die zylindrischen Achszapfen der Kippachse ruhen, sind bei älteren Instrumenten aufgeschnitten, damit ein Kippachsenende durch Betätigung zweier Schrauben um kleine Beträge gehoben oder gesenkt werden kann (Bild 8). Bei neueren Instrumenten fehlt dieser Schlitz, weil bei ihnen die Kippachse ausreichend sicher rechtwinklig zur Stehachse gelagert ist.

In der Mitte der Kippachse ist das Meßfernrohr angebracht. Die Fernrohrstützen sollen so hoch sein, daß man das Fernrohr durchschlagen kann. Reicht der Raum zum Durchschlagen nicht aus, so müssen die Achslager so ausgebildet sein, daß die Kippachse nebst dem Fernrohr umgelegt, d. h. aus den Achslagern herausgehoben und mit vertauschten Achszapfen wieder eingelegt werden kann.

Bei den hauptsächlich für Höhenwinkelmessungen eingerichteten Instrumenten ist das Fernrohr gelegentlich am Ende der Kippachse außerhalb der Lager angebracht [16.22].

12.23 *Die Kollimations- oder Zielachse* des Fernrohrs ist (genau genug) die Gerade durch Fadenschnittpunkt und Mittelpunkt des Objektivs bei Einstellung auf ∞ [Band I 52.3]. Ihre Lage kann durch Justierung in beschränktem Umfang verändert werden [16.11].

12.24 *Die Libellenachsen.* Auf der Alhidade sind eine oder mehrere Libellen angebracht, die vor allem zum Lotrechtstellen der Stehachse gebraucht werden [Band I 51.3]. Älteren Instrumenten ist oftmals eine Reitlibelle beigegeben, die auf die Kippachse aufgesetzt werden kann. Sie dient — indem man sie die Drehungen um die Stehachse mitmachen läßt — zum besonders genauen Lotrechtstellen der Stehachse; man benutzt sie ferner zum Beseitigen des Kippachsenfehlers [16.12].

12.3 Die Kreise.

12.31 *Der Horizontalkreis* besteht entweder aus Metall (Messing) oder aus Glas. Die Teilung ist rechtsläufig; bei Messingkreisen ist sie in einen am Rande des Kreises eingelassenen schmalen Silberstreifen*) eingeschnitten; in Glaskreise wird die Teilung geritzt oder sie wird photographisch aufgebracht und eingeätzt. Je größer der Kreisdurchmesser ist, um so weniger wirken sich etwaige Teilungsfehler aus; der Limbusdurchmesser wird daher vielfach als Gütemerkmal für einen Theodoliten angesehen. Feldmeßtheodolite haben Limbusdurchmesser von 6—10 cm, wobei die Kreise meistens in 20′ oder 30′ alter oder in $0{,}5^g$ neuer Teilung unterteilt sind.

12.32 *Der Vertikal- oder Höhenkreis* wird aus demselben Material gefertigt wie der Horizontalkreis und ist auch ähnlich geteilt wie dieser; nur ist er meistens etwas kleiner. Während aber bei der Horizontalwinkelmessung der Teilkreis feststeht und die Alhidade sich bewegt, sitzt der Höhenkreis auf der Kippachse und macht alle Bewegungen des Fernrohres mit. Die Höhenzeiger dagegen sind in Höhe der Kippachse befestigt und müssen jedesmal in die für die Ablesung erforderliche Ausgangslage gebracht werden. Dazu sind die älteren Instrumente mit einer Höhenzeigerlibelle versehen, die der Beobachter mit einer Feinbewegungsschraube einspielen läßt. Bei den meisten neuen Instrumenten dagegen stellt der Höhenzeiger sich mit Hilfe eines der Schwerkraft gehorchenden Kompensators automatisch in die Ausgangs-

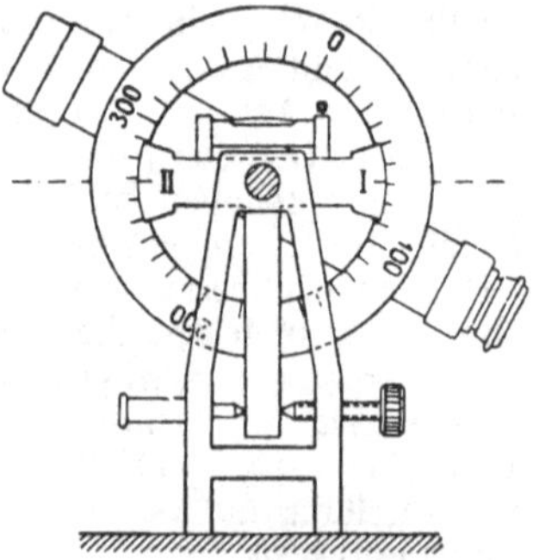

Bild 9. Höhenkreis mit Zeigerlibelle.

*) Der Ausdruck Limbus (= lat. Saum) bezieht sich ursprünglich nur auf diesen Silberstreifen; heute versteht man darunter allgemein einen drehbaren Teilkreis.

lage ein. Der Höhenkreis ist meistens, wie das Bild 9 zeigt, so geteilt, daß nicht Höhenwinkel (α), sondern Zenitdistanzen ($z = 100^g - \alpha$) abgelesen werden*).

12.4 Die Klemmen und die Feinstellschrauben sind erforderlich, um die Kreise oder das Fernrohr in einer bestimmten Lage festhalten und scharf einstellen zu können. Beim Einachser muß die Alhidade gegenüber dem Limbus, beim Zweiachser außerdem der Limbus gegenüber dem Dreifuß festgelegt werden können. Die dafür erforderlichen Klemmen sind gleichzeitig ein besonders wichtiger Teil der Repetitionseinrichtung [17.4].

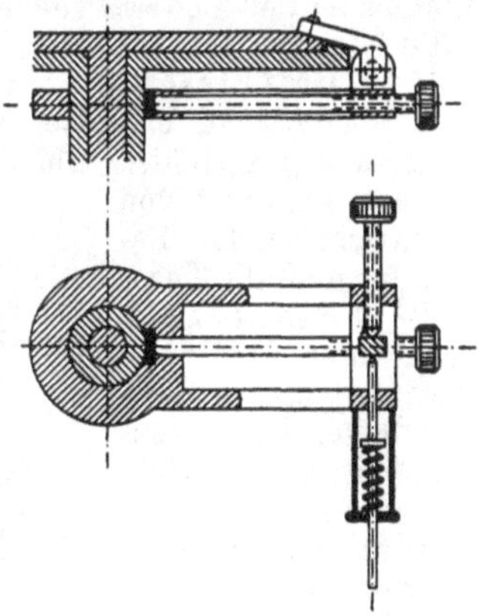

Bild 10. Zentralklemme und Feinbewegungsschraube.

Das Bild 10 zeigt eine *Zentralklemme*, wie sie bei Repetitionstheodoliten Reichenbachscher Bauart angewandt wird. Mit Hilfe einer Schraube und eines Klemmstückes wird ein mit einem Ausleger versehener Ring fest an die Buchse des Limbus angepreßt. An dem Ausleger befindet sich ein Zapfen, an den eine an der Alhidade angebrachte Feinbewegungsschraube und ihre Gegenfeder angreifen, um so der Alhidade eine beschränkte Feinbewegung zu ermöglichen. Eine ähnliche Einrichtung erlaubt die Festlegung und Feinbewegung des Limbus gegenüber dem Dreifuß. Auch die in Bild 11 dargestellte Kippachsenklemme beruht auf diesem Prinzip.

Bei der zuerst von der Firma Carl Zeiss-Jena gebauten *Mahlerklemme* sind Klemme und Feinbewegungsschraube

*) W. Großmann, Vermessungskunde III, Trigonometrische und barometrische Höhenmessung, Tachymetrie und Absteckungen, S. 8ff. Slg. Göschen Bd. 862. 8. Aufl. Berlin 1965.

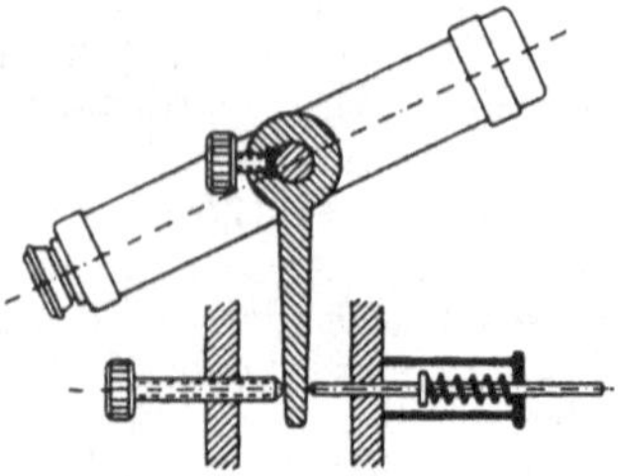

Bild 11. Kippachsenklemmung.

nur an der Alhidade angebracht (Bild 12 oben). Mit dem Limbus aber, der in der Ruhelage durch Reibung auf der Achse festsitzt, ist eine Scheibenmembran verbunden, die sich mit Hilfe eines am Alhidadenrande angebrachten Hebels gegen die Alhidade pressen läßt, so daß der Limbus an den Bewegungen der Alhidade teilnehmen kann (Bild 12 unten).

12.5 Die *Ablesevorrichtungen*, kurz Zeiger genannt, sind überwiegend entweder als Nonius oder als Ablesemikroskop ausgebildet. Die Art der Ablesevorrichtung ist für den Benutzer von so entscheidender Bedeutung, daß die Theodolite meistens allein nach ihrer Ablesevorrichtung als Noniustheodolite, Mikroskoptheodolite usw. bezeichnet werden. Da insbesondere bei neueren Instrumenten die Art der Ablesevorrichtung den Gesamtaufbau des Theodolits sehr weitgehend bestimmt, werden unter 13 und 14 die Ablesevorrichtungen in ihrer Verbindung mit den entsprechenden Theodolitkonstruktionen besprochen.

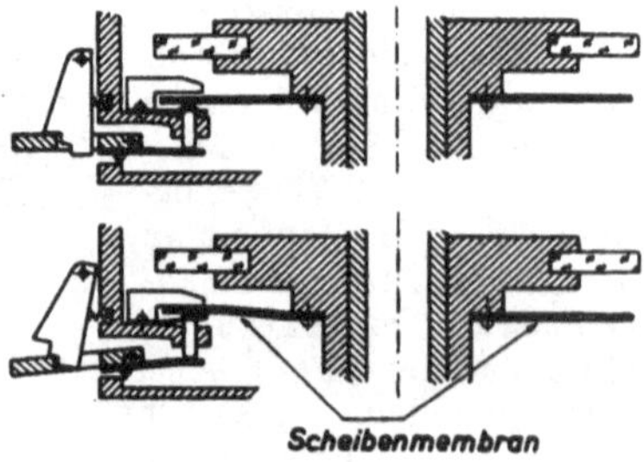

Bild 12. Mahlerklemme.

13 Nonius und Noniustheodolite

13.1 Der *Nonius* ist eine kurze Hilfsteilung, die auf der Alhidade angebracht ist und mit dem Limbus in einer Ebene liegt. Der Grundgedanke der Konstruktion ist folgender: Es liegen $(n-1)$ Einheiten T der Kreisteilung und n Einheiten N der Noniusteilung einander gegenüber, so daß

$$(n-1)\,T = n\,N$$

ist. Der Unterschied

$$T - N = \frac{T}{n} = a$$

wird als Angabe des Nonius bezeichnet. Fällt demnach der x^{te} Noniusstrich mit einem Strich der Kreisteilung zusammen, so ist der Abstand der Nullmarke des Nonius von dem vorangehenden Strich der Kreisteilung $x \cdot a$.

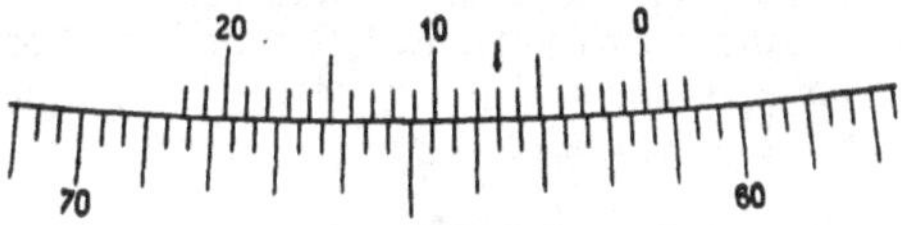

Bild 13. Nonius.

Der in Bild 13 dargestellte Kreis ist in $^1/_3{}^\circ = 20'$ geteilt, d. h. $T = 20'$. Der Nonius hat 20 Teile; mithin ist $a = 20'/20 = 1'$. Zur Ablesung sucht man zunächst den der Nullmarke des Nonius vorangehenden Strich der Kreisteilung auf und notiert diesen Wert, also in dem abgebildeten Beispiel die Zahl 61° 20′; dann geht man am Nonius so weit nach links, bis ein Noniusstrich und ein Strich der Kreisteilung „koinzidieren", d. h. so gegeneinanderstoßen, daß sie als eine Gerade erscheinen. Das ist der Fall bei dem 7. Noniusstrich. Also lautet die Gesamtablesung: 61° 27′.

Über den Ablesestellen sind Lupen angebracht, die zur Scharfstellung in ihren Fassungen ein wenig verschoben werden können. Zweckmäßig beachtet man außer den koinzidierenden Strichen noch die Stellung der beiden benachbarten Strichpaare. Damit das auch dann möglich ist, wenn der erste oder der letzte Strich der Noniusteilung mit einem Strich der Kreisteilung koinzidiert, sind meistens außerhalb der Endstriche des Nonius je ein oder zwei zusätzliche Striche als „Überteilung" angebracht. Liefert kein Strichpaar eine genaue Koinzidenz, so hält man das Mittel aus den beiden am besten passenden Strichpaaren an.

13.2 Die Noniustheodolite werden heute in Deutschland kaum noch gebaut. Die vorhandenen Instrumente sind entweder Einachser oder Repetitionstheodolite. Meistens sind sie mit zwei Nonien versehen; Höhenkreise sind nicht immer vorhanden. Hinsichtlich der Genauigkeit unterscheidet man Bautheodolite, Ingenieurtheodolite und Feinmeßtheodolite.

Die Bautheodolite sind einfache Theodolite, deren Kreise in ganze oder halbe Grade geteilt sind und an ihren Nonien 1 bis 2 Alt- oder Neuminuten hergeben (Bild 2).

Die Ingenieurtheodolite besitzen in der Regel eine Reichenbachsche Repetitionseinrichtung und einen Höhenkreis. Beide Kreise sind vorwiegend in $^1|_2{}^\circ$ oder $^1|_3{}^\circ$ alter Teilung bzw. 1^g oder $^1|_2{}^g$ neuer Teilung geteilt. Die Nonien liefern 30″ oder 20″ bzw. 1^c oder 50^{cc}.

An Feinmeßtheodoliten finden sich Nonien nur in Verbindung mit Mikroskopen [14.22].

14 Ablesemikroskope und Mikroskoptheodolite

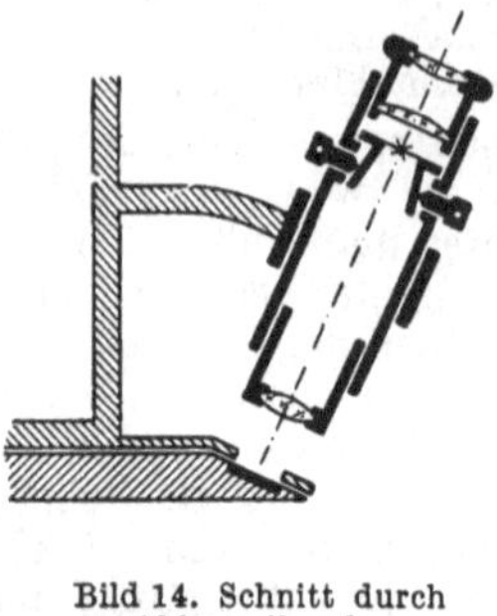

Bild 14. Schnitt durch Ablesemikroskop alter Art.

14.1 Einrichtung der Ablesemikroskope. Das Ablesemikroskop besteht in seiner einfachsten Form aus einem Tubus oder Hauptrohr, in das von unten das in einem Rohrstutzen gefaßte Objektiv und von oben das Okular hineingeschoben ist. Es wird bei älteren Instrumenten von einem am Oberbau befestigten Mikroskopträger gehalten. Bei neueren Instrumenten ist es vielfach in einem Fernrohrträger untergebracht und mit einem Ableseokular versehen, das sich neben dem Fernrohrokular befindet (Bild 23).

In optischer Hinsicht kann das Mikroskop als ein Fernrohr mit kurzbrennweitigem Objektiv angesehen werden, bei dem der Gegenstand sich zwischen einfacher und doppelter Brennweite befindet. Der Gegenstand ist ein Ausschnitt aus der Limbusteilung. In der Bildebene des Mikroskops ist an Stelle eines Fadenkreuzes eine Ablesemarke eingebaut, deren Abstand von dem vorhergehenden Teilstrich der Limbusteilung bestimmt werden muß. Je nach den Mitteln, mit denen diese Bestimmung vorgenommen wird, unterscheidet man Strichmikroskope, Skalamikroskope und Koinzidenzmikroskope.

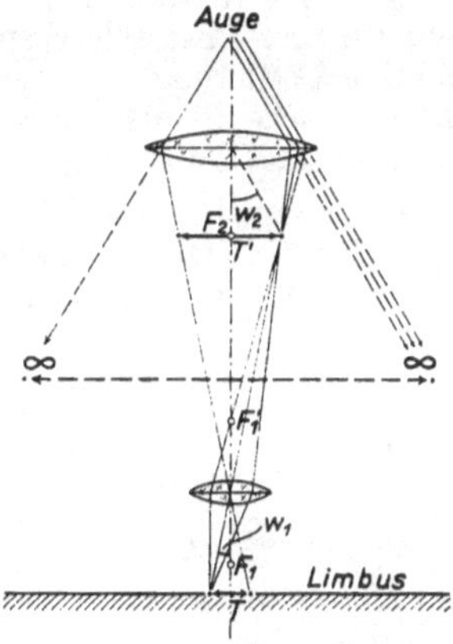

Bild 15. Strahlengang im Ablesemikroskop.

Damit die Mikroskope einwandfreie Ablesungen liefern, haben sie mehrere optische Bedingungen zu erfüllen; es müssen infolgedessen entsprechende Einstellmöglichkeiten vorhanden sein, die sich am einfachsten an dem im Bild 14 schematisch dargestellten Mikroskop älterer Bauart erläutern lassen.

a) Damit ein scharfes Bild des Kreisausschnittes in der Ebene der Ablesemarke entsteht, muß der Abstand der Bildebene vom Objektiv — d. h. die Bildweite — geändert werden können. (Dazu kann das Objektiv auf und ab bewegt werden.)

b) Befindet sich in der Bildebene außer dem Nullstrich eine Skala od. dgl., so muß, damit die Skala genau mit dem Bilde eines entsprechenden Teilungsintervalls zusammenpaßt, der Abstand des Mikroskops vom Teilkreis — d. h. die Gegenstandsweite — geändert werden können. (Das erreicht man durch Verschieben des ganzen Mikroskops im Mikroskopträger.)

c) Damit der Winkelabstand der beiden Ablesemikroskope verändert werden kann — etwa um ihn genau auf 2 R zu bringen —, soll entweder das Mikroskop im ganzen oder seine Nullmarke durch seitlich wirkende Schrauben ein wenig verstellt werden können.

d) Neben diese drei für die Justierung erforderlichen — objektiven — Einstellungsmöglichkeiten tritt noch eine subjektive Forderung: Der jeweilige Beobachter muß, um die Ablesemarke in die für sein Auge günstigste Sehweite zu bringen, das Okular in der Okularfassung verschieben können.

Als Beispiel werde die Justierung der Mikroskope beschrieben, in deren Bildebene eine Skala eingebaut ist. In diesem Falle besagt die Bedingung *b*, daß im Gesichtsfeld des Mikroskops die Skala *s* und das Bild des Teilungsintervalls *T* die gleiche scheinbare Länge haben müssen. In Bild 16 Figur *a* ist das der Fall, in Figur *b* ist *s* größer, in Figur *c* kleiner als das Teilungsintervall. In den beiden letzten Fällen ist eine Abstimmung erforderlich.

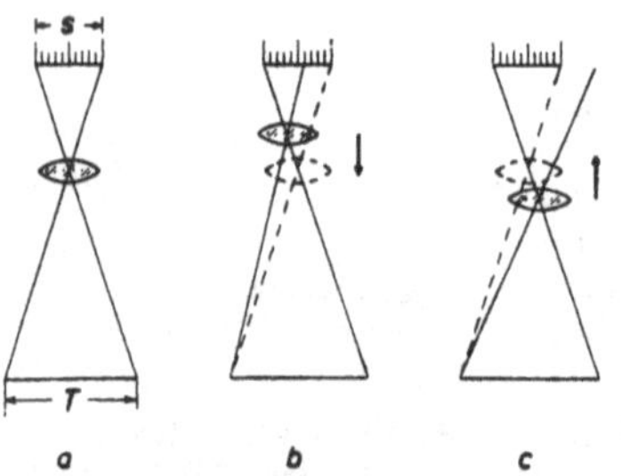

Bild 16. Abstimmen der Skala.

Zu diesem Zweck hat der Beobachter zuerst durch Verschieben des Okulars die Skala für sein Auge scharf zu stellen. Dann bewegt er das Mikroskop so lange auf und ab, bis auch die Kreisteilung scharf erscheint. Ist jetzt $s > T$, so hat er das Objektiv der Kreisteilung zu nähern; er muß aber gleichzeitig, da die Bildweite bei abnehmender Gegenstandsweite größer wird, den Abstand von Bildebene und Objektiv vergrößern; bei $s < T$ sind die Bewegungsrichtungen umgekehrt. Der Vorgang muß im

Wege systematischen Probierens so lange wiederholt werden, bis der Abstand der äußersten Skalenstriche genau mit der entsprechenden Einheit der Kreisteilung übereinstimmt. Der Unterschied zwischen der Skalenausdehnung *s* und dem Bilde des zugehörigen Teilungsintervalls *T* wird als Run bezeichnet. Die Erfüllung der obengenannten Bedingung *b* heißt daher auch Runbeseitigung.

Die Runbeseitigung ist eine ziemlich diffizile und langwierige Arbeit. Ein modernes Instrument, bei dem das Mikroskop im Fernrohrträger untergebracht ist, wird zweckmäßig zur Justierung an die Herstellerfirma eingeschickt. Abgesehen vom einfachen Strichmikroskop kann der Run bei jeder Mikroskopart auftreten; nur ist seine Beseitigung in der Regel nicht so einfach zu übersehen wie im Falle des Mikroskops mit einer Skala in der Bildebene.

14.2 Die Haupttypen der Ablesemikroskope. Die Ablesemikroskope treten in so unterschiedlichen Formen auf, daß es vor allem für den Anfänger sehr schwer ist, eine Übersicht zu gewinnen. Die nachstehende Unterteilung soll das erleichtern. Man unterscheidet 3 Grundtypen: das Strichmikroskop, das Skalamikroskop (mit der Nebenform Noniusmikroskop) und das Koinzidenzmikroskop. Jede dieser Typen kann sowohl ohne wie mit (mechanischem oder optischem) Mikrometer gebaut werden.

Bild 17. Strichmikroskop.

14.21 *Das Strichmikroskop.* Das einfache Strichmikroskop hat als Ablesemarke einen Strich, der durch einen Spinnfaden gebildet oder auf einer Strichplatte eingeätzt ist. Bei der Justierung braucht nur die erste der in 14.1 genannten Bedingungen erfüllt zu werden. Der Teilkreis eines Strichmikroskoptheodolits ist in der Regel in 10′ oder 10^c eingeteilt. Zur Ablesung hat man lediglich den Abstand des Ablesestriches von den nächsten Teilstrichen auf $^1|_{10}$ des Teilkreisintervalls zu schätzen. Die Ablesegenauigkeit ist nicht sehr hoch; doch kann man sehr schnell und sicher ablesen.

Wird eine höhere Ablesungsgenauigkeit erstrebt, so muß der Abstand des Ablesestrichs von dem vorangehenden Strich der Kreisteilung mit einem Schraubenmikrometer oder mit einem optischen Mikrometer gemessen werden.

Das *Schraubenmikrometer*, eine ältere Ausführung, besteht aus einem Schlitten, der einen Doppelfaden trägt und mit Hilfe einer Schraube seitlich bewegt werden kann. Als Nullstellung gilt dabei die Lage des Doppelfadens, bei der an einer am Schraubenkopf angebrachten Trommel Null abgelesen wird. Soll nun der Abstand des vorhergehenden Strichs der Kreisteilung von der Nullstelle gemessen werden, stellt man den Doppelfaden mit Hilfe der Schraube auf den betreffenden Teilstrich ein und kann dann den Weg des Doppelfadens von der Nullstelle bis zum Teilstrich an der Schraubentrommel bis auf etwa eine Altsekunde ablesen. Bis in die 20er Jahre dieses Jahrhunderts wurden alle Feinmeßtheodolite mit Schraubenmikrometern ausgestattet.

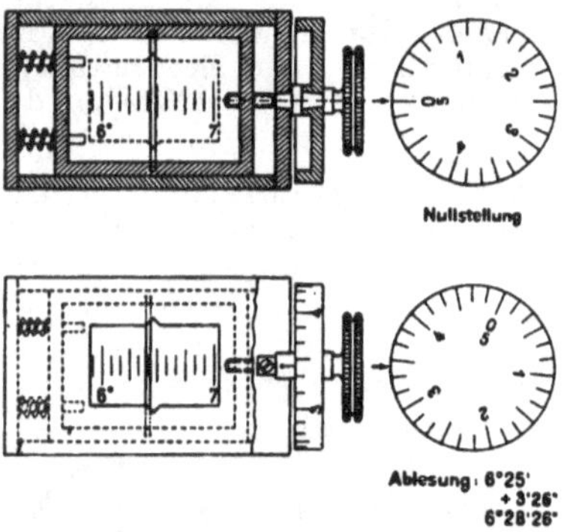

Bild 18. Schraubenmikrometer.

Das *optische Mikrometer*, das sich an vielen neueren Instrumenten findet, setzt an die Stelle der mechanischen Bewegung eine optische Verschiebung, die am einfachsten durch die in Band I 62.4 beschriebene Planplatte bewirkt wird. Mit Hilfe des optischen Mikrometers wird jedoch meistens nicht das Bild des Ablesestrichs, sondern das des Kreisausschnitts so weit verschoben, bis der vorangehende Teilstrich mit dem Ablesestrich zusammenfällt. Das Maß der Verschiebung wird im Winkelmaß an einer im Mikroskopgesichtsfeld erscheinenden Hilfsskala abgelesen.

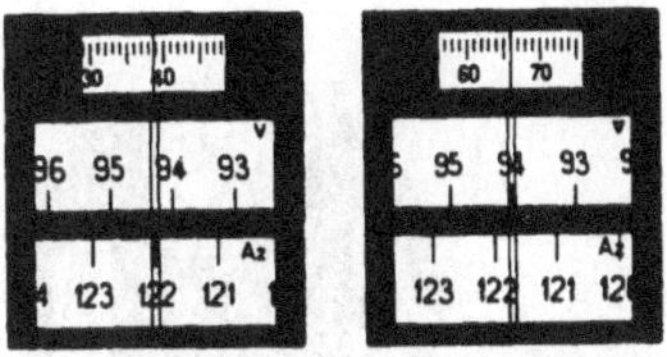

Ablesung: Horz.-Kr 122,387°; Vert.-Kr 94,660°

Bild 19. Strichmikroskop des Wild T1 mit optischem Mikrometer.

Ablesung: 93° + 2 . 17,2'

Bild 20. Skalamikroskop älterer Art.

Die optischen Mikrometer können bei den meisten Konstruktionen nach einfacher Umschaltung auch zur Feinablesung des Höhenkreises verwendet werden. Infolgedessen erscheinen im Gesichtsfeld der Ablesemikroskope sowohl der Horizontal- wie der Höhenkreis (Bild 19).

14.22 *Das Skalamikroskop* wird ebenfalls mit und ohne Mikrometer gefertigt.

Das einfache Skalamikroskop zeigt in seinem Gesichtsfeld bei älteren Instrumenten mit Sexagesimalteilung, deren Teilkreis in 20′-Intervalle geteilt ist, eine Skala, die ebenfalls 20′ lang und 10fach unterteilt ist. Ein Skalastrich bedeutet daher 2′, so daß 0,2′ oder 12″ geschätzt werden können. Sind zwei Zeiger vorhanden, so bewertet man das 20′-Intervall gewöhnlich mit 10′ und erhält dann das Zeigermittel durch Addition der beiden Ablesungen (Bild 20).

Bei neueren Instrumenten zeigt das Gesichtsfeld des Skalamikroskops Ausschnitte aus Horizontal- und Vertikalkreis (Bild 21). Beide Kreise sind aus Glas gefertigt und in volle Sexagesimal- oder Zentesimalgrade geteilt. An den Skalen werden ganze Minuten abgelesen und Zehntel geschätzt. Damit man beim Ablesen nicht um das Instrument herumzutreten braucht, ist der Einblick in das Ablesemikroskop unter mehrfacher Knickung des Strahlengangs neben das Fernrohrokular gelegt; vgl. das schematische Bild 23. In der Regel ist nur ein Mikroskop eingebaut. Die Alhidadenexzentrizität

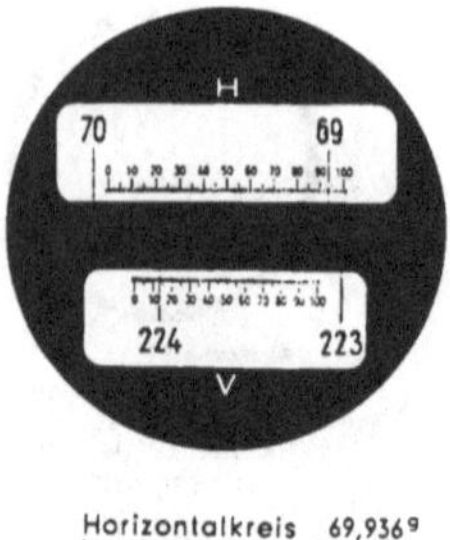

Bild 21. Skalamikroskop des Theo 020 der Jenoptik.

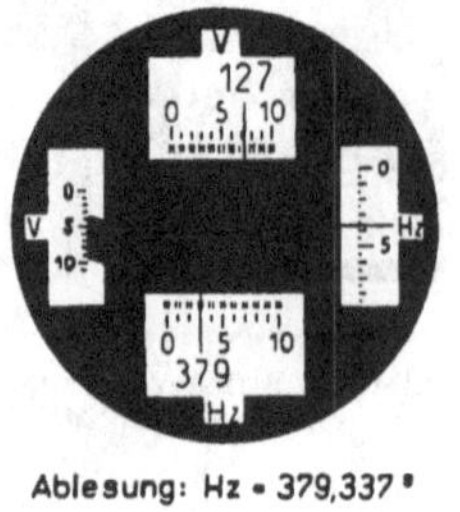

Bild 22. Skalamikroskop des Zeiss Th 3 mit 2 optischen Mikrometern.

[16.21] fällt daher erst bei Beobachtung in beiden Lagen heraus.

In Skalamikroskopen mit optischem Mikrometer (Bild 22) bringt man mit Hilfe des Mikrometers einen Gradstrich der Kreisteilung mit einem 10-Minutenstrich der Skala zur Deckung, liest die Einerminuten am Mikrometer ab und kann, da das Schätzintervall gegenüber einem Skalamikroskop ohne Mikrometer vergrößert ist, recht genau die Zehntelminuten oder gar halbe Zehntel schätzen.

14.23 *Das Koinzidenzmikroskop* ist nach Angaben von H. Wild zuerst von der Firma Carl Zeiss in Jena gebaut worden. Es bedeutet eine völlige Abkehr von den älteren Konstruktionsprinzipien. Grundgedanke der Konstruktion war, eine Beschleunigung der Ablesung dadurch zu erzielen, daß zwei um 2 R voneinander abstehende Kreisstellen zusammengespiegelt werden und dadurch mit einem Blick abgelesen werden können. Von den optischen Mitteln, mit denen das Zusammenspiegeln der beiden Ablesestellen erreicht werden kann, möge das schematische Bild 24 eine Vorstellung geben. Durch die Spiegelung entsteht im Gesichtsfeld des Mikroskops das Bild 25a, das die eine Kreis-

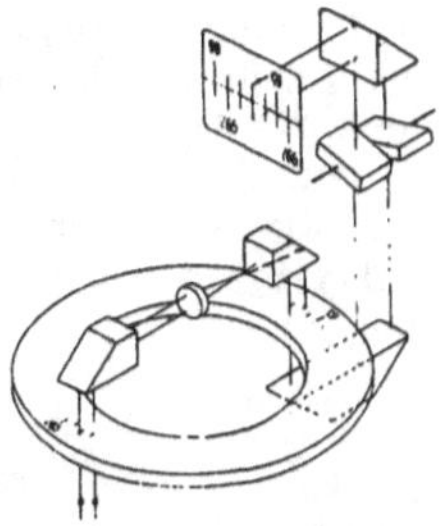

Bild 24. Zusammenspiegeln zweier Ablesestellen.

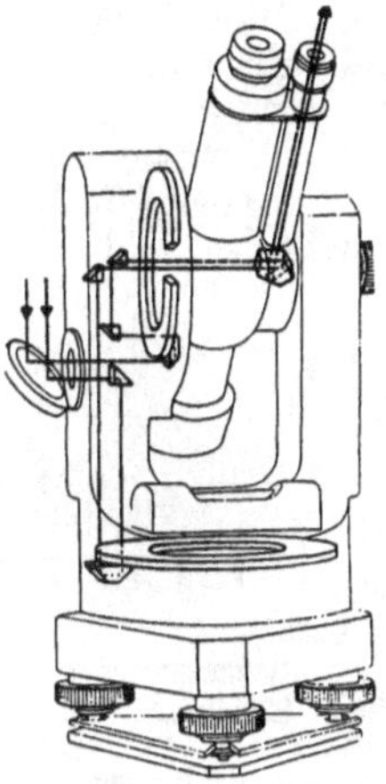

Bild 23. Strahlengang im Ablesemikroskop bei Theodoliten mit einer Ablesestelle.

stelle aufrecht, die andere auf dem Kopf stehend erscheinen läßt. Die Ablesung gestaltet sich dann folgendermaßen:

Man gehe aus von der in der linken Hälfte des Ablesefensters erscheinenden aufrecht stehenden Gradzahl und nehme für den Augenblick an, es sei im Gesichtsfeld die gestrichelt angedeutete Ablesemarke vorhanden. Dann hätte man abzulesen:

an der aufrechten Kreisstelle $265^g + a_1$,

an der umgekehrten Kreisstelle $65^g + a_2$,

woraus sich als Mittel ergibt $265^g + \frac{a_1 + a_2}{2}$.

Man erhält also die Minuten- und Sekundenbeträge, indem man den scheinbaren Abstand der Kreisstriche 265 und 65 halbiert. Um automatisch auf den halbierten Betrag zu kommen, lese man folgendermaßen ab: Man nehme als Ableseindex den Strich der um 200^g abweichenden Gradzahl und bewerte jeden 20^c-Abschnitt der Kreisteilung mit 10^c. Dann lautet, wenn man die letzte Dezimale zunächst schätzt, die Ablesung $265{,}44^g$. Die gestrichelte Nullmarke wird also zur Ablesung nicht gebraucht; sie fehlt deshalb meistens.

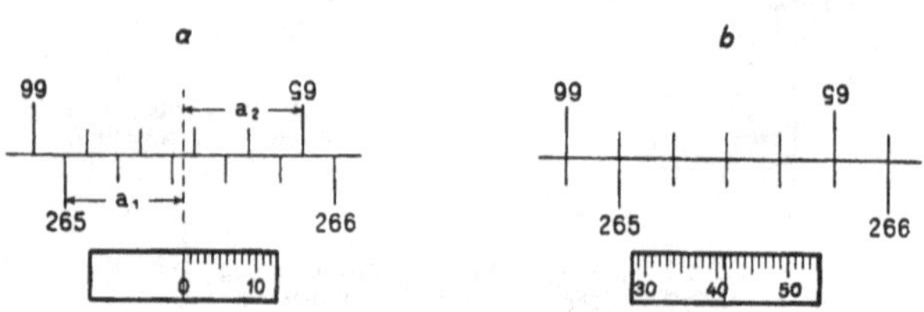

Bild 25. Koinzidenzmikroskop vor und nach Betätigung des Mikrometers.

In der Regel wird jedoch nicht geschätzt, sondern es wird der Abstand zwischen den direkt gesehenen und den gespiegelten Teilstrichen mikrometrisch gemessen. Das Mikrometer besteht in der einfachsten Form aus zwei sich gegenläufig drehenden Planplatten, die mittels einer Schraubentrommel so lange bewegt werden, bis die Teilstriche beider Kreisstellen koinzidieren (Bild 25b). Dann entnimmt man nach dem oben geschilderten Verfahren die Gradzahl und die 1. Dezimale der Hauptteilung; den die vollen 10^c-Einheiten überschießenden Betrag findet man, und zwar sogleich halbiert, in der Hilfsteilung. Die genaue Ablesung ist also $265{,}4412^g$.

Das Koinzidieren der Teilstriche gelingt bei den gängigen Typen nach einiger Übung auf etwa $1''$ oder 3^{cc}. Das Ergebnis ist, da bei der Ablesung zwei um 2 R voneinander abstehende Kreisstellen benutzt werden, frei von den Auswirkungen einer Exzentrizität der Alhidade.

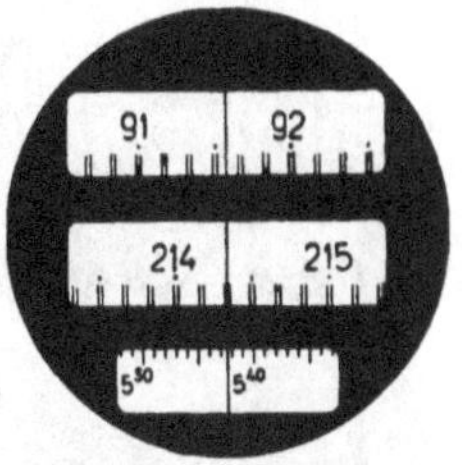

Bild 26. Koinzidenzmikroskop des Kern DKM 2.

Bei einigen Typen weist die Kreisteilung an Stelle der einfachen Striche Doppelstriche auf. Bei den Koinzidenzmikroskopen von Kern und Fennel entstehen die Doppelstriche durch Nebeneinanderspiegeln zweier um 2 R voneinander abstehender Striche; diese werden durch das optische Mikrometer gemeinsam verschoben, bis sie symmetrisch zum Indexstrich stehen. Kern liefert auch Koinzidenzmikroskope ohne Mikrometer [14.31].

14.3 Die Mikroskoptheodolite. Obwohl der Noniustheodolit eine für die meisten Fälle ausreichende Genauigkeit hergibt, werden in jüngster Zeit überwiegend Mikroskoptheodolite gebaut, weil die Ablesung an ihnen entweder bequemer oder genauer ist. Die in 14.2 eingeführte Unterteilung der Mikroskoptheodolite in solche mit Strichmikroskopen, mit Skalamikroskopen und mit Koinzidenzmikroskopen — jeweils mit und ohne Mikrometer — bezieht sich indessen nur auf die Ablesevorrichtung. Im Hinblick auf den Verwendungszweck und damit auf die Meßgenauigkeit unterscheidet man wie in 13.2 Bautheodolite, Ingenieurtheodolite und Feinmeßtheodolite.

14.31 Als *Bautheodolite* oder *Kleintheodolite* bezeichnen die Firmen gewöhnlich die einfachsten für Baumessungen und einfache Geländeaufnahmen bestimmten Theodolite ihrer Serie. Soweit diese Theodolite Mikroskopablesung haben, handelt es sich um einfache Strich- und Skalamikroskope ohne Mikrometer. Die Durchmesser der Kreise liegen zwischen 50 und 80 mm; die Fernrohre haben 15-bis 20fache Vergrößerung. Ein Höhenkreis ist nicht immer vorhanden. Siehe Tafel I (1) S. 28.

14.32 *Die Ingenieurtheodolite* oder Tachymetertheodolite, für die sich mancherorts die durchaus unzutreffende Be-

Bild 27. Strichmikroskoptheodolit Breithaupt TEINS.

Bild 28. Skalamikroskoptheodolit Wild T 16.

zeichnung Minutentheodolit eingebürgert hat, sind Instrumente mittlerer Ablesegenauigkeit, die in erster Linie für die Polygonierung, die Kleintriangulierung und für Absteckungsaufgaben bestimmt sind. Siehe Tafel I (2) S. 28. Sie besitzen ein Repetitionssystem und eine Einrichtung zur optischen Streckenmessung mit Reichenbachschen Distanzfäden [Bd. III 32]. Die Horizontalkreise haben Durchmesser von 70—100 mm. Man unterscheidet hinsichtlich der Ablesung:

a) *Strichmikroskoptheodolite mit optischem Mikrometer.* Dieses in 14.21 beschriebene Prinzip gestattet Ablesungen auf 0,1′ oder 0,1ᶜ (Bild 19 und 27).

b) *Skalamikroskoptheodolite* ohne und mit optischem Mikrometer. An den Skalen können durchweg volle Minuten (1′ bzw. 1ᶜ) abgelesen und 0,1′ bzw. 0,1ᶜ geschätzt werden

(Bild 21 und 28). Dieses sehr bequeme und sichere Ableseverfahren liefert bei den ausgereiften Typen eine einmal in beiden Lagen gemessene Richtung auf $\pm$ 10—15^{cc}. Ist ein Mikrometer eingebaut, wie beim Zeiss Th 3 (Bild 22), so erreichen geübte Beobachter damit eine noch höhere Genauigkeit als an Skalenmikroskopen ohne Mikrometer; die Ablesung ist jedoch etwas mühsamer.

c) *Koinzidenzmikroskoptheodolite* mit einfachem Mikrometer. Nach diesem Prinzip hat Kern, Aarau den sehr kleinen und leichten Doppelkreistheodolit DKM 1 gebaut, an dem sich 0,1′ bzw. 0,1^{c} ablesen und Bruchteile schätzen lassen. Der letzte Satz unter b) gilt entsprechend.

14.33 *Die Feinmeßtheodolite*, auch Präzisions- oder Sekundentheodolite genannt, sind vor allem für die Triangulierungen der II. und III. Ordnung und für Feinabsteckungen bestimmt. Sie haben keine Repetitionseinrichtung. Der Limbusdurchmesser beträgt etwa 80—100 mm, der des Höhenkreises 70—90 mm. Siehe Tafel I (3) S. 29.

Feinmeßtheodolite älterer Bauart sind meistens mit Schraubenmikroskopen [14.21], solche aus den 20er und 30er Jahren auch mit Noniusmikroskopen, einer Nebenform des Skalamikroskops, nebst optischen Mikrometern ausgestattet. Die neueren Feinmeßtheodolite weisen fast ausnahmslos Koinzidenzmikroskope mit optischen Mikrometern auf. In diesen sieht man entweder gegenläufige Teilungen ohne Indexstrich, die koinzidiert werden müssen, oder gleichlaufende Teilungen, bei denen ein Indexstrich zwischen die Doppelstriche der Teilung zu bringen ist [14.23 am Schluß].

Der mittlere Ablesefehler, der durch den mittleren Einstellfehler am Mikrometer gegeben ist, liegt bei den gängigen Ausführungen bei $\pm$ 1″ oder 3^{cc} für die einzelne Ablesung; bei älteren Instrumenten ist er etwas größer.

Mit hochgezüchteten Spezialausführungen für Triangulierungen der I. Ordnung, Tunnelabsteckungen und dgl. (z. B. Wild T 3, Kern DKM 3, Askania Tpr) läßt sich der mittlere Ablesefehler bis auf $\pm$ 0,2″ oder $\pm$ 0,5^{cc} für die einzelne Ablesung herabdrücken.

Tafel I

Hersteller	Typ	Fernrohr		Kreisdurchmesser		Ableseeinrichtungen (400^g)					Besonderheiten
		Vergrößerung	Obj.-Öffnung mm	horiz. mm	vert. mm	Art	Horiz.-Kreis Abl.	Horiz.-Kreis Schätz.	Vert.-Kreis Abl.	Vert.-Kreis Schätz.	
1	2	3	4	5	6	7	8	9	10	11	12
(1) Bautheodolite											
Breithaupt, Kassel	Tekat	18	30	65	47	Skalamikr.	5^c	0,5^c	5^c	1^c	
Fennel, Kassel	FTS	19	25	80	60	Skalamikr.	2^c	0,5^c	5^c	1^c	
Jenoptik, Jena	Theo 120	16	32	61	61	Strichmikr.	10^c	1^c	10^c	1^c	
Kern, Aarau	DK 1	20	30	50	50	Koinz. Mikr.	10^c	1^c	10^c	1^c	Doppelkreis
Miller, Innsbruck	T 1	22	32	80	80	Skalamikr.	1^c	0,5^c	1^c	0,5^c	
Salmoiraghi, Mailand	4138	22	27	80	57	Strichmikr.	5^c	1^c	10^c	1^c	
Wild, Heerbrugg	T 0	20	28	68	46	Koinz. Einstell. mit Mikrom.	2^c	0,5^c	10^c		
(2) Ingenieurtheodolite											
Askania, Berlin	Tts	30	45	90	70	Skalamikr.	1^c	0,2^c	1^c	0,2^c	
Askania, Berlin	Tt	30	45	90	70	Strichmikr.	1^c	0,1^c	1^c	0,1^c	
Breithaupt, Kassel	TEINS	28	40	78	50	mit Mikrom.	1^c	0,1^c	1^c	0,1^c	
Fennel, Kassel	FT 1 A	30	40	90	70	Skalamikr.	1^c	0,1^c	1^c	0,1^c	
Galileo, Florenz	TG 2 b	29	40	80	80	Koinzm. m.Mikr.		0,2^c		0,2^c	autom. Höhenz.
Hilger-Watts, London	Mikropt. 1	25	38	89	64	Strichm. m.Mikr.	1^c		1^c		
Jenoptik, Jena	020	25	35	96	74	Skalamikr.	1^c	0,2^c	1^c	0,25^c	autom. Höhenz.

1	2	3	4	5	6	7	8	9	10	11	12
					noch (2) Ingenieurtheodolite						
Kern, Aarau	K 1 A	28	45	89	70	Strichmikr. mit Mikrom.	1^c	$0{,}1^c$	1^c	$0{,}1^c$	autom. Höhenz.
Kern, Aarau	DKM 1	20	30	50	50	Koinz. Mikr. mit Mikrom.	10^{cc}	5^{cc}	10^{cc}	5^{cc}	Doppelkreis
Miller, Innsbruck	T II	22	32	80	80	Skalamikr.	1^c	$0{,}5^c$	1^c	$0{,}5^c$	
Miller, Innsbruck	T IV	26	34	110	110	Skalamikr.	1^c	$0{,}3^c$	1^c	$0{,}3^c$	
Salmoiraghi, Mailand	4150 NE	30	40	90	70	Skalamikr.	1^c	$0{,}2^c$	1^c	$0{,}2^c$	
Wild, Heerbrugg	T 1—A	27	40	73	65	Strichmikr. mit Mikrom.	1^c	$0{,}1^c$	1^c	$0{,}1^c$	autom. Höhenz.
Wild, Heerbrugg	T 16	28	40	79	79	Skalamikr.	1^c	$0{,}1^c$	1^c	$0{,}1^c$	
Zeiss, Oberkochen	Th 4	30	40	98	85	Skalamikr.	1^c	$0{,}1^c$	1^c	$0{,}2^c$	autom. Höhenz.
Zeiss, Oberkochen	Th 3	25	35	78	70	Skalamikr. mit Mikrom.	$0{,}5^c$	$0{,}1^c$	1^c	$0{,}2^c$	
					(3) Feinmeßtheodolite						
Askania, Berlin	Tu	30	45	90	70	Koinz. Mikr. mit Mikrom.	2^{cc}		2^{cc}		
Fennel, Kassel	FT 2	30	40	90	70	,,	2^{cc}		2^{cc}		
Freiberger, Präz.Mech.	Theo 2	27	40	85	75	,,	2^{cc}		2^{cc}		
Galileo, Florenz	TG 1 b	29	40	80	80	,,	2^{cc}		2^{cc}		
Hilger-Watts, London	Mikropt. 2	28	41	98	76	,,	5^{cc}		5^{cc}		
Jenoptik, Jena	010	31	53	84	60	,,	2^{cc}	1^{cc}	2^{cc}	1^{cc}	Spiegellinsen-fernrohr
Kern, Aarau	DKM 2	30	45	75	70	,,	2^{cc}		2^{cc}		Doppelkreis
Salmoiraghi, Mailand	4200	29	40	90	90	,,	2^{cc}		2^{cc}		autom. Höhenz.
Wild, Heerbrugg	T 2	28	40	90	70	,,	2^{cc}		2^{cc}		
Askania, Berlin	Tpr	32,60, 80	63	200	140	,,	0,2″		0,2″		Photograph. Registrierung
Kern, Aarau	DKM 3	30,45	68	100	100	,,	$0{,}5^{cc}$	$0{,}1^{cc}$	$0{,}5^{cc}$	$0{,}1^{cc}$	Spiegellinsen-fernrohr
Wild, Heerbrugg	T 3	24,30, 40	60	135	90	,,	1^{cc}	$0{,}2^{cc}$	1^{cc}	$0{,}2^{cc}$	

Bild 29. Feinmeßtheodolit Askania Tu.

Damit reicht die Ablesegenauigkeit bereits in die Größenordnung der Refraktionseinflüsse hinein. Sie noch weiter zu steigern, wäre wenig sinnvoll.

14.34 *Selbstregistrierende Theodolite.* Ziel der neuesten Entwicklungen ist die Automatisierung der Beobachtungen. Diesem Zweck dienen u. a. die „Code-Theodolite" der Firmen Fennel und Kern. Bei ihnen ist der Teilkreis codiert, d. h. er trägt an Stelle der Kreisbezifferung ein System von Schwarz-Weiß-Feldern, die in mehreren Spuren angeordnet sind. Die für die jeweilige Ablesung bedeutsame Kombination wird über einen Film z. B. dem Filmumsatzgerät Zuse 84 zugeführt. Dieses liefert die Richtungen auf einem Lochstreifen, den man in einen Rechenautomaten eingeben kann. Die Entfernungen zu benachbarten Punkten gewinnt man bei Fennel aus Basislatten und parallaktischem Winkel [22], bei Kern durch Doppelbildmessung [23]. Dem Beobachter obliegt nur das Einstellen der Ziele und einiger Schlüsselzahlen zur Stand- und Zielpunktfestlegung am Theodolit.

Instrumente, die ein ähnliches Ziel mit elektronischen Mitteln erreichen sollen, befinden sich in der Entwicklung.

15 Zusatzeinrichtungen

15.1 Schnurlot, starres Lot und optisches Lot dienen zum Zentrieren des Theodolits über einem Bodenpunkt. Das Schnurlot wird bei einfachen Feldmessungen verwandt. Für genauere Messungen empfiehlt sich — vor allem bei Wind — ein starres Lot, d. h. ein ausziehbares, am unteren Ende mit einer Spitze versehenes Stahlrohr, das an den Dreifuß angeschraubt wird und eine Dosenlibelle trägt. Man zentriert dabei den Theodolit zunächst nach Augenmaß, setzt dann die Spitze des Lotes auf den Bodenpunkt, lockert die Anzugsschraube, die das Instrument gegen den Stativteller preßt, und schiebt schließlich das Instrument auf dem Stativteller so lange hin und her, bis die Dosenlibelle einspielt. Ist die Dosenlibelle dejustiert, so muß die Blase auf den Spielpunkt gebracht werden, den man durch Drehen des Lotes um 2 R bestimmt. Eine besonders günstige Form des starren Lotes hat die Schweizer Firma Kern mit ihrem Zentrierstativ entwickelt (vgl. Band I 53.2).

In neuere Theodolite sind vielfach optische Lote eingebaut. Ein solches besteht aus einem in die Vertikalachse des Theodolits eingelassenen Fernröhrchen, in das der Beobachter über ein Reflexionsprisma von der Seite her einblicken kann. Zum Zentrieren wird der Theodolit bei streng lotrechter Stehachse so lange auf der Stativplatte verschoben, bis der Bodenpunkt im Fadenkreuz erscheint. Bei dejustierter Zielachse muß der Bodenpunkt beim Drehen des Instruments nach allen Seiten gleich weit vom Fadenschnitt abstehen. Optische Abloter werden auch als selbständige Instrumente, d. h. ohne Verbindung mit einem Theodolit gefertigt [15.2].

Die Zentrierung gelingt mit einem Schnurlot, falls der Bodenpunkt scharf bezeichnet ist, bei Windstille auf $\pm$ 3 bis 5 mm, mit dem starren Lot auf $\pm$ 1—2 mm, mit dem optischen Lot bis auf $\pm$ 0,5 mm.

15.2 Die Zwangszentrierung garantiert eine gleichbleibende Zentrierung auch in den Fällen, in denen wie z. B. beim Messen eines Feinpolygonzuges [31.3] Instrument und Zielmarke auf einem Stand ausgetauscht werden müssen. Nach Vorläufern wie der Breithauptschen Steckhülseneinrichtung und der Freiberger Aufstellung hat die

Zeiss'sche Anordnung sich weitgehend durchgesetzt. Sie besteht aus einem Theodolit, dessen Oberteil nach Lösen einer Druckschraube aus dem Dreifuß herausgehoben werden kann, und mehreren Zieltafeln, die in Theodolit-

Bild 30. Zwangszentrierung der Jenoptik.

dreifüßen auf Theodolitstativen stehen und mittels eines optischen Abloters über den Standpunkten zentriert werden können. Beim Standpunktwechsel läßt man die Stative mit den Dreifüßen stehen, hebt das freie Oberteil des Theodolits und die Zieltafel heraus und tauscht beide gegeneinander aus. Nach dem Austausch vergesse man nicht, die Druckschraube anzuziehen! Vgl. 12.21 am Schluß.

15.3 Als sonstige Zusatzeinrichtungen werden den Theodoliten Bussolen für tachymetrische Arbeiten [Bd. III 35] beigegeben, ferner Okularprismen für Steilvisuren und Einrichtungen zur elektrischen Beleuchtung des Fadenkreuzes und der Ablesestellen bei Nachtbeobachtungen.

16 Untersuchung und Berichtigung des Theodolits*)

Auch bei sorgfältigster Arbeit gelingt es dem Mechaniker nicht, die mathematische Konstruktionsidee beim Bau des Theodolits voll zu verwirklichen. Die einzelnen Bauteile können ferner durch die Beanspruchung beim Gebrauch, durch Temperatureinwirkungen und dgl. ihre Sollage ein wenig verändern. Beide Tatsachen haben Fehler zur Folge, die entweder durch Justierung beseitigt oder durch die Anordnung der Messung eliminiert werden müssen. Die wichtigsten dieser Fehler sind Achsenfehler, Exzentrizitätsfehler und Teilungsfehler.

16.1 Die Achsenfehler. Man unterscheidet beim Theodolit die Vertikal- oder Stehachse VV, die Horizontal- oder Kippachse HH, die Kollimations- oder Zielachse ZZ; dazu kommen noch die Achsen der Libellen.

Sollen Horizontalwinkel gemessen werden, so muß die Zielachse sich beim Kippen des Fernrohres in einer Vertikalebene bewegen. Das ist der Fall, wenn

a) die Zielachse ZZ normal zur Kippachse HH ist,
b) die Kippachse HH normal zur Stehachse VV liegt,
c) die Stehachse VV streng lotrecht steht.

Ist eine dieser Bedingungen nicht erfüllt, so spricht man vom Zielachsen-, Kippachsen- bzw. Stehachsenfehler.

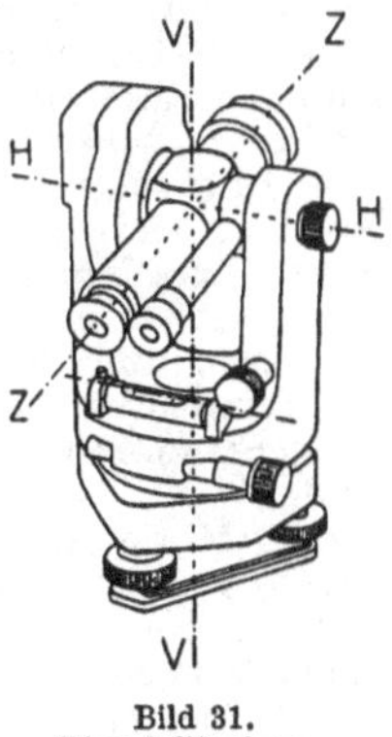

Bild 31. Theodolitachsen (schematisch).

*) Eine eingehende Darstellung findet sich in Ziff. 9a des Lit.-Verz. §§ 62 bis 66.

16.11 *Der Zielachsenfehler* läßt sich auf mehrfache Art sichtbar machen und beseitigen:

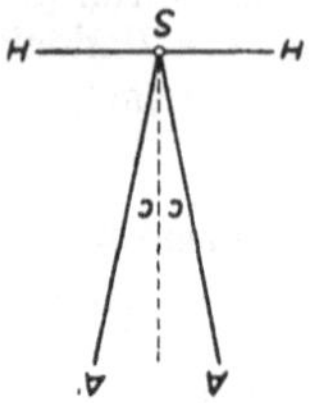

Bild 32. Zielachsenfehler.

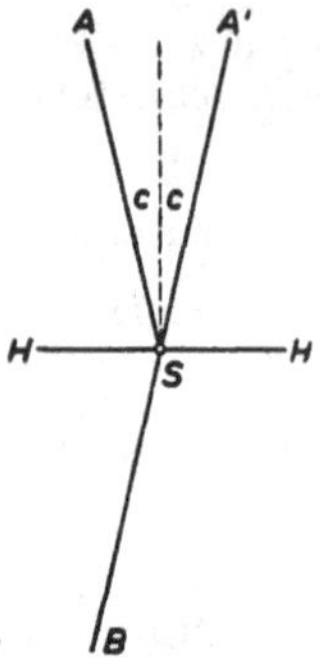

Bild 33. Bestimmung des Zielachsenfehlers.

a) Man zielt im Standpunkt S einen etwa in Höhe der Kippachse liegenden Punkt A an, hebt das Fernrohr aus den Lagern und legt es mit vertauschten Achsenenden wieder ein. Erscheint dann im Fadenkreuz an Stelle des Punktes A ein seitlich gelegener Punkt A', so ist $\sphericalangle ASA' = 2c$ der doppelte Zielachsenfehler (Bild 32). Man beseitigt den Zielachsenfehler, indem man mit den seitlich wirkenden Justierschrauben des Fadenkreuzes die Hälfte des Winkels ASA' fortschafft.

b) Läßt das Fernrohr sich, was bei neueren Instrumenten die Regel ist, nicht aus den Lagern heben, so schlägt man es nach Anzielen des Punktes A und Ablesen der zugehörigen Kreisstelle durch, so daß es in die Richtung nach B weist, und dreht die Alhidade mittels der Kreisteilung um genau 200^g weiter (Bild 33). Das Fernrohr wird dann wieder nach A' weisen. Abermals ist ASA' der doppelte Zielachsenfehler, dessen Hälfte wie unter a) beseitigt wird.

c) Statt wie bei b) die Alhidade um 200^g zu drehen, kann man das Fernrohr auf A zurückführen und eine zweite Kreisablesung machen. Die Differenz von Anfangs- und Schlußablesung vermindert um 200^g ist der doppelte Zielachsenfehler im Winkelmaß. Beseitigung wie oben.

Beim Anzielen eines unter dem Höhenwinkel h erscheinenden hochgelegenen Zieles ist der durch einen Zielachsenfehler c hervorgerufene Richtungsfehler $(c) = c : \cos h$. Eine aus beiden Fernrohrlagen gemittelte Ablesung einer Richtung ist, wie aus den Ausführungen unter b) und c) ohne weiteres folgt, frei von den Auswirkungen des Zielachsenfehlers.

16.12 *Ein Kippachsenfehler* liegt vor, wenn die Kippachse, wie in Bild 34, bei lotrechter Stehachse den Winkel i

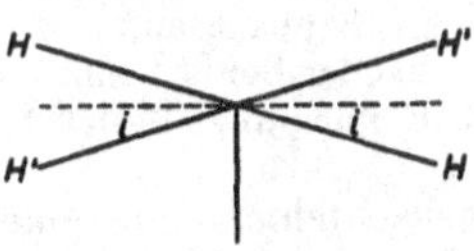

Bild 34. Kippachsenfehler.

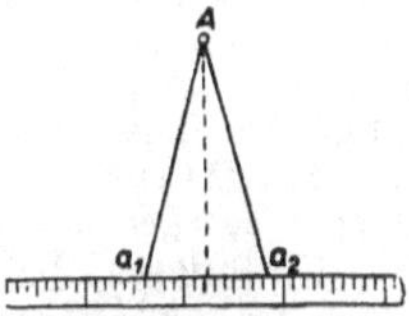

Bild 35. Bestimmung des Kippachsenfehlers.

mit der Horizontalen bildet. Man erkennt ihn meistens daran, daß das Fadenkreuz, das man auf das oberste Ende einer senkrechten Hauskante gerichtet hat, sich beim Herunterkippen in die Horizontale von der Hauskante entfernt. Zur genaueren Untersuchung gibt es mehrere Wege:

a) Man richtet das Fernrohr, nachdem der Zielachsenfehler beseitigt ist, auf einen hochliegenden Punkt A, kippt es bis in die Horizontale herunter und macht an einem Maßstab, der in einiger Entfernung vom Instrument horizontal und rechtwinklig zur Visur niedergelegt ist, die Ablesung a_1 (Bild 35). Darauf schlägt man das Fernrohr durch, richtet es wieder auf A, kippt es abermals herunter und macht am Maßstab die Ablesung a_2. Dann hat man in dem Stück $(a_2 - a_1)$ die verdoppelte Auswirkung des Kippachsenfehlers.

Um den Kippachsenfehler zu beseitigen, richtet man das Fernrohr auf den Punkt $1/2\,(a_1 + a_2)$ des Maßstabs, kippt das Fernrohr nach oben, bis A im Gesichtsfeld erscheint und hebt oder senkt ein Achslager mit Hilfe der im Bild 8 erkennbaren Schrauben so lange, bis der Punkt A sich genau im Fadenschnitt befindet. Bei den heute üblichen Instrumenten mit verkapselter Kippachse kann das nur in einer mechanischen Werkstatt geschehen.

b) Man erhält den verdoppelten Einfluß des Kippachsenfehlers im Winkelmaß — wiederum nachdem der Zielachsenfehler beseitigt ist —, wenn man den Punkt A in beiden Fernrohrlagen anzielt und die Differenz der zugehörigen Kreisablesungen vermindert um 200^g bildet. Man berichtigt den Kippachsenfehler, indem man das Mittel der beiden Kreisablesungen einstellt und wie unter a) verfährt.

c) Falls eine Reitlibelle vorhanden ist, ermittelt man nach der in Band I 51.3 gegebenen Regel zuerst durch Drehen der Alhidade um die Stehachse den Spielpunkt der Reitlibelle in bezug auf die Stehachse, dann durch Umsetzen der Libelle auf der Kippachse den Spielpunkt in bezug auf die Kippachse. Die Differenz beider Spielpunkte entspricht dem einfachen Kippachsenfehler. Man beseitigt ihn, indem man durch Heben oder Senken eines Achslagers den auf die Kippachse bezogenen Spielpunkt in den auf die Stehachse bezogenen verlegt.

Der Einfluß (i), den ein Kippachsenfehler i auf eine nur in einer Lage beobachtete Richtung hat, ergibt sich, wenn der Zielpunkt unter dem Höhenwinkel h erscheint, aus $(i) = i \tan h$. Der Kippachsenfehler übt also auf die Richtung nach Zielen, die im Horizont liegen ($h = 0$), keinen Einfluß aus. Die Formel ermöglicht es ferner, die Größe des Kippachsenfehlers zu berechnen, wenn man mit einer der unter a) und b) genannten Methoden seine Auswirkung auf eine geneigte Visur ermittelt hat. Aus a) und b) folgt schließlich, daß der Kippachsenfehler ebenso wie der Zielachsenfehler durch Mitteln der Ablesungen aus beiden Fernrohrlagen herausfällt.

16.13 *Der Stehachsenfehler* v ist kein Instrumental-, sondern ein Aufstellfehler, der daher rührt, daß die Stehachse schief steht. Man vermeidet ihn, indem man die Stehachse durch Spielpunktsbestimmung nach Band I 51.32 streng lotrecht stellt.

Um die Auswirkungen (v) eines etwaigen Stehachsenfehlers v auf eine gemessene Richtung angeben zu können, verstehe man unter h den Höhenwinkel, unter dem das Ziel erscheint, und unter α den Winkel, den die Richtung nach dem Ziel mit *der* Vertikalebene bildet, die die schiefe Stehachse enthält. Dann ist

$$(v) = v \sin \alpha \tan h .$$

Im Gegensatz zu den Zielachsen- und Kippachsenfehlern läßt sich (v) nicht durch Beobachtung in zwei Fernrohrlagen tilgen. Da (v) mit dem Tangens des Höhenwinkels zunimmt, hat man die Stehachse um so sorgfältiger lotrecht zu stellen, je stärker der Zielstrahl geneigt ist.

16.2 Die Exzentrizitätsfehler. Damit an der Kreisteilung der Horizontalwinkel abgelesen wird, um den die Zielachse des Fernrohrs gedreht ist, müssen der Limbusmittelpunkt und die Alhidadenachse zusammenfallen, und es muß eine im Limbusmittelpunkt errichtete Normale die Zielachse des Fernrohrs treffen. Ist das nicht der Fall, so liegt eine Exzentrizität der Alhidade bzw. des Fernrohrs vor.

16.21 *Alhidadenexzentrizität und Zeigerarmknickung.* Wenn die Alhidade sich nicht um den Limbusmittelpunkt L, sondern um einen exzentrisch gelegenen Punkt A dreht, kann die Ablesung am Limbus nicht als Maß der Drehung gelten. Es sei im Bild 36 φ ein Winkel, dessen linker Schenkel zufällig in die Richtung LA bzw. deren Verlängerung CC' fällt, während sein rechter Schenkel in die Richtung AZ_1 weist. Am Limbus wird dann in Z_1 nicht φ, sondern der Winkel

$$CLZ_1 = \varphi' = \varphi - \varepsilon$$

und in Z_2 der Winkel

$$C'LZ_2 = \varphi' + 2\varepsilon = \varphi + \varepsilon$$

abgelesen, so daß als Mittel aus beiden Ablesungen der Sollwinkel φ erhalten wird. Die Alhidadenexzentrizität fällt also bei Ablesung an beiden Zeigern heraus, weshalb früher die meisten Theodolite mit zwei Ablesestellen ausgestattet wurden. Wenn wie bei neueren Ingenieurtheodoliten [14.22] nur eine Ablesestelle vorhanden ist, wird die Alhidadenexzentrizität erst durch Mittelung der Ablesungen in beiden Fernrohrlagen eliminiert.

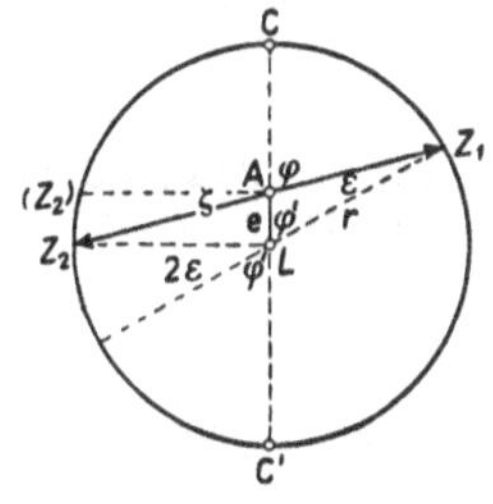

Bild 36. Alhidadenexzentrizität.

Bei Instrumenten mit zwei Ablesestellen kommt meistens noch eine Zeigerarmknickung ζ hinzu, so daß im Bild 36 der zweite Zeiger nicht nach Z_2, sondern nach (Z_2) weist.

Während aber der durch die Exzentrizität hervorgerufene Fehler ε vermöge der Gleichungen

$$\sin \varepsilon = \frac{e}{r} \sin (200^g - \varphi) \quad \text{oder} \quad \varepsilon = \frac{e\varrho}{r} \sin \varphi$$

von der Größe des Winkels φ abhängt und daher alle Werte von Null bis zum Maximalbetrag $\varepsilon_{max} = e \cdot \varrho / r$ annehmen kann, ist ζ konstant. ζ verfälscht also die Ablesung für beide Schenkel eines Winkels um denselben Betrag; ζ fällt daher beim Bilden der Differenz von rechtem minus linkem Schenkel heraus. Im übrigen wird ζ auch beim Durchschlagen eliminiert.

Selbst eine kleine Exzentrizität hat einen sehr großen Einfluß auf die Ablesung. Es sei bei einem Theodolit mit einem Limbusdurchmesser von 10 cm $e = 0{,}01$ mm; dann ist nach der Formel: $b : r = \alpha : \varrho$

$$\varepsilon_{max} = \frac{0{,}01 \cdot 636\,620}{50} = 127^{cc}.$$

Die Firmen sind daher bemüht, den Exzentrizitätsfehler möglichtst unter 1μ herunterzudrücken.

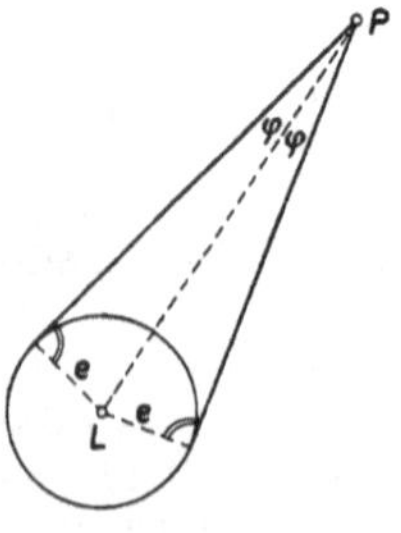

Bild 37. Exzentrizität der Zielachse.

16.22 *Exzentrizität der Zielachse.* Es sei im Bild 37, in dem L den Limbusmittelpunkt darstellt, die Richtung nach dem Zielpunkt P zu bestimmen. Hat nun die Zielachse die Exzentrizität e, so ist sie bei ihren Drehungen stets Tangente an einen Kreis um L und dem Radius e. Dadurch wird in beiden Fernrohrlagen die gleiche Richtungsabweichung φ, jedoch mit entgegengesetztem Vorzeichen verursacht, so daß das Mittel aus beiden Lagen durch die Exzentrizität der Zielachse nicht beeinflußt ist. Das gilt auch mit aller Strenge, wenn das ganze Fernrohr nicht auf der Mitte der Kippachse, sondern exzentrisch angebracht ist [12.22].

16.3 Die Kreisteilungsfehler. Wenn ein Theodolit mit einem Limbusdurchmesser von 10 cm in $^1/_5$ Neugrad eingeteilt ist, so hat er insgesamt 2000 Teilstriche, die nur 0,16 mm voneinander abstehen. Jeder dieser Striche muß, um eine Ablesegenauigkeit von 5^{cc} zu garantieren, auf 0,4 μ richtig liegen. Diese Genauigkeit wird trotz feinster Teilmaschinen auch bei höchster Sorgfalt des Mechanikers nicht immer erreicht, sondern es treten regelmäßige und unregelmäßige Teilkreisfehler auf. Die genaue Ermittlung dieser Fehler liegt außerhalb des Rahmens dieses Buches*). Man sucht sie zu eliminieren, indem man ein und denselben Winkel — je nach der angestrebten Genauigkeit — an mehreren symmetrisch auf den Kreis verteilten Stellen des Limbus mißt. Dadurch werden erfahrungsgemäß die regelmäßigen Teilungsfehler eliminiert und die Auswirkungen der unregelmäßigen Teilungsfehler so weitgehend gemindert, daß sie bei den gängigen Aufgaben der Praxis vernachlässigt werden können.

16.4 Die mechanischen Fehler in der Praxis. Achsen-, Exzentrizitäts- und Kreisteilungsfehler spielen bei den Arbeiten in der Praxis nicht die Rolle, die ihnen nach dem Umfang ihrer Theorie zukommen müßte. Trotzdem muß der Ingenieur sie genau kennen, damit er die übliche Anordnung der Messungen versteht, etwa auftretende Messungsdifferenzen richtig deuten kann und erforderlichenfalls in der Lage ist, diese Differenzen durch entsprechende Anordnung der Messungen zu eliminieren.

17 Die Horizontalwinkelmessung

17.1 Allgemeine Regeln. Man unterscheidet bei der Horizontalwinkelmessung die einfache Winkelmessung und die Richtungsmessung; für bestimmte Aufgaben werden daneben die Repetitionswinkelmessung, die Winkelmessung mit Horizontschluß, die Winkelmessung in allen Kombi-

*) Vgl. Ziff. 4 des Lit.-Verz. S. 295ff.; ferner Wermann, G., Kreisteilungsuntersuchungen. München 1957. Roelofs, R., Optimalisierung der Kreisteilungsuntersuchung. Zeitschr. f. Vermessungsw. 1965. S. 489.

nationen und die Sektorenmethode benutzt. Bei jedem dieser Verfahren beobachtet man im Hinblick auf Zielachsen-, Kippachsen- und Exzentrizitätsfehler in beiden Fernrohrlagen.

17.2 Die einfache Winkelmessung ist das einfachste Verfahren zur Beobachtung des Winkels zwischen zwei Richtungen. Zuerst wird das Instrument zentriert und horizontiert. Dann stellt man das linke Ziel ein, liest — falls vorhanden — an beiden Zeigern ab und bildet das Mittel aus Zeiger I und Zeiger II $\pm$ 200^g. Entsprechend verfährt man mit dem rechten Ziel und erhält in der Differenz Mittel rechts minus Mittel links den Winkel in der I. Fernrohrlage. Alsdann wird das Fernrohr durchgeschlagen und die Messung in der II. Fernrohrlage in derselben Weise — jedoch beginnend mit dem rechten Ziel — wiederholt; schließlich wird das Mittel aus beiden Fernrohrlagen gebildet, womit die 1. Messung des Winkels beendet ist. Soll der Winkel zur Erhöhung der Genauigkeit ein 2., 3. oder n-tes Mal beobachtet werden, so wird der Limbus vor jeder Wiederholung um 2 R : n weitergedreht und das Mittel aus allen Beobachtungen als endgültiger Wert angehalten.

Zahlenbeispiel: 20″-Noniustheodolit mit 2 Zeigern

Ziel	I. Fernrohrlage							II. Fernrohrlage							Mittel aus beid. Lag.			Reduz. Mittel		
	Zeiger I			II		Mittel		Zeiger I			II		Mittel							
	°	′	″	′	″	′	″	°	′	″	′	″	′	″	°	′	″	°	′	″
31	24	55	20	55	00	55	10	204	55	40	55	20	55	30	24	55	20	0	00	00
33	112	57	20	57	20	57	20	292	58	00	57	40	57	50	112	57	35	88	02	15
		52	40	52	20	52	30		53	40	53	00	53	20		52	55		2	15
			52′	30″						53′	20″				2×	55′	20″	=	50	40
																			52	55

17.3 Die Richtungs- oder Satzmessung findet Anwendung, wenn von einem Punkt aus mehr als zwei Richtungen oder Strahlen ausgehen. Man zielt bei feststehendem

Limbus alle Zielpunkte von links nach rechts der Reihe nach an und macht die zugehörigen Ablesungen an den Zeigern; dann wird das Fernrohr durchgeschlagen, und es werden in der II. Fernrohrlage alle Ziele in umgekehrter Reihenfolge angezielt und die Mittel gebildet. Abschließend werden die gemittelten Richtungen auf den Anfangsstrahl bezogen (reduziert), indem man von jeder Richtung den für den Anfangsstrahl erhaltenen Richtungswert abzieht. Eine solche Messungsreihe heißt ein Satz oder auch ein voller Satz, während eine Beobachtung in nur einer Fernrohrlage als Halbsatz bezeichnet wird. Zur Beobachtung weiterer Sätze wird der Limbus wie in 17.2 um 2 R : n verstellt. Am Schluß werden durch Mitteln der reduzierten Satzmittel die endgültigen Richtungen gebildet. Mittelung und Reduktion sind durch Summenproben zu sichern; siehe Zahlenbeispiel Seite 42.

Die für die II. Fernrohrlage vorgeschriebene Umkehrung der Zielfolge soll eine etwaige Pfeilerdrehung eliminieren. Bei sehr feinen Messungen soll man ferner die Alhidade grundsätzlich nur im Uhrzeigersinne herumdrehen und die letzte Drehung an den Feinstellschrauben stets rechtsläufig, d. h. gegen den Druck der Gegenfeder machen. Längstens nach drei Sätzen soll die Horizontierung des Instruments überprüft werden.

Für die Berechnung mittlerer Fehler*) werde angenommen, es sei ein Richtungsbüschel mit s Strahlen in n Sätzen beobachtet worden. Man ermittelt zunächst für jede Richtung die Differenz d zwischen dem Satzmittel und der endgültigen Richtung, bildet in jedem Satz $[d]$ und errechnet damit für jede gemessene Richtung die Verbesserung $v_i = d_i - [d] : s$, wobei die Probe besteht, daß $[v]$ bis auf die Abrundungsfehler Null ergeben muß. Dann ergibt sich als mittlerer Fehler einer in einem Satz beobachteten Richtung

$$m_r = \pm \sqrt{\frac{[vv]}{(n-1)(s-1)}}, \qquad (1)$$

*) Vgl. Ziff. 4 des Lit.-Verz. § 25.

Zahlenbeispiel: Skalamikroskoptheodolit mit einem Zeiger

Ziel	Fernrohrlage I	Fernrohrlage II	Mittel aus I und II	Red. Mittel	Endg. Richtung	d	v	vv
1	2	3	4	5	6	7	8	9
	g	g	g	g	g	cc	cc	
			1. Satz					
71	0,577	200,579	0,5780	0,0000	0,0000	0	+ 2	4
22	55,618	255,623	55,6205	55,0425	55,0420	— 5	— 3	9
2	95,341	295,345	95,3430	94,7650	94,7640	—10	— 8	64
53	266,489	66,491	266,4900	265,9120	265,9127	+ 7	+ 9	81
					187	— 8	0	
			2. Satz		$[d]_1 : s =$	— 2		
	67,506	267,513	67,5095	0,0000		0	+ 2	4
	122,548	322,553	122,5505	55,0410		+10	+12	144
	162,270	362,279	162,2745	94,7650		—10	— 8	64
	333,422	133,424	333,4230	265,9135		— 8	— 6	36
						— 8	0	
			3. Satz		$[d]_2 : s =$	— 2		
	134,150	334,158	134,1540	0,0000		0	— 4	16
	189,194	389,199	189,1965	55,0425		— 5	— 9	81
	228,913	28,919	228,9160	94,7620		+20	+16	256
	0,064	200,069	0,0665	265,9125		+ 2	— 2	4
	592	652	6220	560 :	3 = 187	+17	+ 1	763
				4 × 780 = 120	$[d]_3 : s =$	+ 4		
	622			4 × 095 = 380				
				4 × 540 = 160				
				220				

$$m_r = \pm \sqrt{\frac{763}{(3-1)(4-1)}} = \pm 11{,}3^{cc} \qquad M_r = \pm \frac{11{,}3}{\sqrt{3}} = \pm 6{,}5^{cc}$$

und als mittlerer Fehler einer aus n Sätzen gemittelten Richtung

$$M_r = \frac{m_r}{\sqrt{n}} = \pm \sqrt{\frac{[vv]}{n(n-1)(s-1)}} . \qquad (2)$$

17.4 Die Repetitionswinkelmessung. Bei Noniustheodoliten und einfacheren Mikroskoptheodoliten gelingt die Einstellung des Ziels auf 3 bis 5^{cc}, die Ablesung an den Zeigern dagegen nur auf 10 bis 20^{cc}. Die Schärfe der Zieleinstellung geht also durch die Ungenauigkeit der Ablesung verloren. Um diesem Mangel entgegenzuwirken, werden beim Repetitionsverfahren n aufeinanderfolgende Messungen eines Winkels auf dem Limbus mechanisch addiert (repetiert), so daß die Differenz zwischen Anfangs- und Schlußablesung den n-fachen Winkel ergibt. Bei der dann zum Übergang auf den einfachen Winkel erforderlichen Division durch n gehen auch die Ablesefehler auf den n-ten Teil ihrer ursprünglichen Größe zurück und erhalten damit die Größenordnung des Einstellfehlers. Man wird also, wenn die obigen Genauigkeitsverhältnisse vorliegen, in jeder Lage 4- bis 6mal repetieren.

5fache Repetition in jeder Lage verlangt folgende Griffe:

a) Fernrohr auf linkes Ziel einstellen und Anfangsablesung A_a notieren,

b) bei feststehendem Limbus Alhidadenklemme lösen und Fernrohr auf rechtes Ziel einstellen (und zweckmäßig Rohablesung an einem Zeiger machen),

c) Alhidade festklemmen, Limbus lösen und Fernrohr auf linkes Ziel stets rechtsdrehend zurückführen,

d) wiederholen des Hin- und Hergangs bis zur fünften Einstellung des rechten Ziels und Endablesung A_e notieren; $(A_e - A_a):5$ gibt einen einfachen Winkel in I. Lage,

e) durchschlagen, Limbusklemme lösen und beginnend mit rechtem Ziel Schritte a) bis d) wiederholen,

f) n-fachen Winkel aus beiden Lagen addieren und durch $2n$ dividieren (hier $2n = 10$).

Zahlenbeispiel: Skalamikroskoptheodolit mit einem Zeiger

Ziel	Fernrohr-lage	Zahl der Rep.	Ablesung	n-facher Winkel	einfacher Winkel
			g	g	g
25	I	0	0, 5220	0, 0000	0, 0000
27		1	(187, 92)		
27		5	137, 5380	937, 0160	187, 4024
27	II	0	337, 5370	0, 0000	
25		5	200, 5290	937, 0080	

Die Repetitionswinkelmessung hat, seitdem die Feinmeßtheodolite [14.33] gebaut werden, an Bedeutung verloren. Sie bleibt aber ein schätzenswertes Hilfsmittel, wenn man — etwa zur Messung eines parallaktischen Winkels [22.3] — mit einfacheren Instrumenten hohe Genauigkeiten erzielen möchte. Unbestritten ist ferner ihr methodischer Wert.

17.5 Besondere Winkelmeßverfahren. Wenn die Ziele sehr weit entfernt sind, sind sie selten alle gleichzeitig sichtbar. Man muß dann anstatt voller Sätze einzelne Winkel messen. Dabei unterscheidet man folgende Verfahren:

17.51 *Die Winkelmessung mit Horizontschluß.* Man beobachtet alle Winkel zwischen je zwei aufeinanderfolgenden Zielen, bis der Horizont geschlossen ist, und verteilt den Widerspruch gegen 400^g gleichmäßig auf alle beobachteten Winkel*). Diese Beobachtungsanordnung ist auch bei kürzeren Zielweiten zu empfehlen, wenn die Beobachtungspfeiler sich unter dem Einfluß der Sonne drehen oder aus anderen Gründen nicht sehr fest stehen.

*) Vgl. Ziff. 4 des Lit.-Verz. §§ 12, 13 und 29.

17.52 *Die Winkelmessung in allen Kombinationen.* Um eine noch bessere Fehlerverteilung zu erzielen als in 17.51, werden in einem Richtungsbüschel mit s Strahlen die $s(s-1)/1 \cdot 2$ möglichen Winkel zwischen den Zielpunkten gemessen, im Falle des Bildes 38 also die 6 Winkel 12, 13, 14, 23, 24, 34. Zur Beseitigung der Widersprüche berechnet man für die Winkel 12, 13 und 14, die den Anfangsstrahl als linken Schenkel haben, als günstigsten Wert das allgemeine arithmetische Mittel [Band I 14.3] aus der direkten Messung des betreffenden Winkels mit dem Gewicht 2 und den ihn bildenden Summen und Differenzen jeweils mit dem Gewicht 1*).

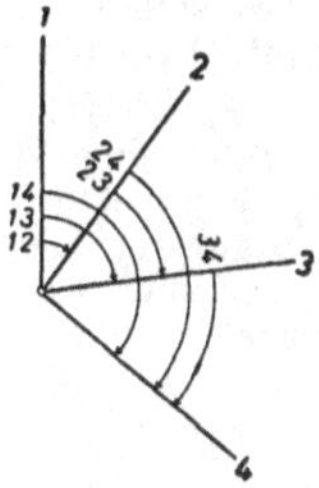

Bild 38. Winkelmessung in allen Kombinationen.

Also ist, wenn z. B. (12) einen ausgeglichenen, 12 einen beobachteten Winkel darstellt:

$$(12) = {}^1/_4\,\{2 \cdot 12 + 1 \cdot (13 - 23) + 1 \cdot (14 - 24)\}\,,$$
$$(13) = {}^1/_4\,\{2 \cdot 13 + 1 \cdot (12 + 23) + 1 \cdot (14 - 34)\}\,,$$
$$(14) = {}^1/_4\,\{2 \cdot 14 + 1 \cdot (12 + 24) + 1 \cdot (13 + 34)\}\,.$$

17.53 *Die Sektorenmethode* wird angewandt, wenn von einem Punkt sehr viel Strahlen ausgehen. Man wählt dann 3 bis 5 gleichmäßig über den Horizont verteilte Hauptrichtungen und bestimmt die von ihnen gebildeten Winkelräume nach 17.51 oder 17.52. Anschließend werden die innerhalb der Sektoren liegenden Winkel in dem betreffenden Sektor nach denselben Grundsätzen eingeschaltet. Die viel benutzte Schweizer Sektorenmethode ist auf das Verfahren 17.51 gegründet**).

2 Streckenmessung mit Streckenmeßgeräten

Nachdem in Band I. 2 das Messen mit Meßlatten und einfachen Stahlmeßbändern beschrieben ist, wird nachstehend die

*) Vgl. Ziff. 4 des Lit.-Verz. §§ 25 und 36.
**) Vgl. Ziff. 4 des Lit.-Verz. § 40.

genauere Streckenmessung mit speziellen Streckenmeßgeräten behandelt. Dabei wird unterschieden zwischen der direkten Streckenmessung mit freihängenden Spezialbändern, der indirekten Streckenmessung mit Hilfe einer Basislatte oder eines Doppelbildtachymeters und der elektronischen Entfernungsmessung.

Diese Verfahren werden vor allem zur Bestimmung von Festpunkten eingesetzt. Dabei erstrebt man mittlere Fehler, die rund $^1/_3$ kleiner sind als die mittleren Fehler, die den nach Band I 26.2 für günstige Verhältnisse festgesetzten Fehlergrenzen zugrunde gelegt sind. Dieser Forderung entspricht in etwa ein mittlerer Streckenfehler von der Größe

$$m_s = \pm\, 0{,}002 \sqrt{s}, \text{ für } s \text{ in m.}$$

Das ist mithin die Mindestforderung, der die nachstehend zu besprechenden Streckenmeßverfahren genügen müssen.

Die einfacheren tachymetrischen Verfahren, d. h. Schnellmessungen mit geringeren Genauigkeitsansprüchen, werden in Bd. III 32 bis 37 beschrieben.

21 Direkte Streckenmessung mit freihängenden Bändern

21.1 Grundlagen. Um den Abstand von zwei bodenfreien Meßmarken mit Hilfe eines freihängenden Meßbandes zu bestimmen, führt man das Band über die Marken und gibt ihm mit Hilfe eines Spannungsmessers eine bestimmte Spannung. Sind die Meßmarken gleich hoch, so nimmt das Band die Form der Kettenlinie (Hyperbelkosinuslinie) an. Gesucht wird aber nicht der Bogen, sondern die Sehne. Die Differenz zwischen Bogen und Sehne ist abhängig vom Eigengewicht und von der Spannung des Bandes und, falls die Auflagepunkte verschieden hoch sind, auch von der Bandneigung. Von dem abgelesenen Maß ist daher eine Durchhangskorrektur in Abzug zu bringen,

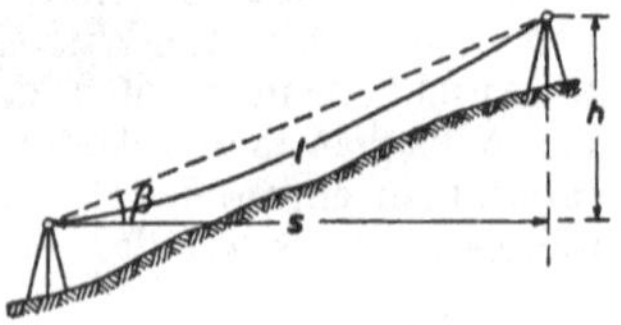

Bild 39. Streckenmessung mit freihängendem Band.

die eine Funktion des Bandgewichtes, der Spannung und der Neigung der Sehne ist. Sodann ist die Sehne auf die Horizontale zu reduzieren, und schließlich ist der Unterschied der Temperatur des Bandes bei der Eichung und während der Messung zu berücksichtigen.

Wegen der Ableitung der hierfür erforderlichen Formeln sei auf die Literatur*) verwiesen; hier werden nur die notwendigen Rechenformeln wiedergegeben. Es sei

L die Sollänge des Meßbandes (50, 100, 200 m),
δ der durch die Bandeichung bei 20° C erhaltene Überschuß über L,
α der Ausdehnungskoeffizient des Bandes je m,
l die abgelesene Bandlänge in m,
s der horizontale Abstand der Meßmarken in m,
p das Bandgewicht in kg/m, P die Zugspannung in kg,
t die Bandtemperatur in Celsiusgraden,
β der Höhenwinkel der Sehne in Neugrad,
h der Höhenunterschied der Meßmarken in m.

Gemessen werden l, t sowie β oder h. An der Ablesung l werden mit einer für praktische Zwecke ausreichenden Genauigkeit folgende Korrekturen angebracht:

a) Die Temperaturverbesserung läßt sich mit der auf 1 m bezogenen Eichverbesserung δ/L zusammenfassen zu

$$k_t = + l \{ \delta/L + \alpha(t - 20) \}. \qquad (1)$$

b) Die Verbesserung wegen Durchhangs, d. h. der Unterschied zwischen Kettenlinie und Sehne ist bei ungleicher Höhe der Bandenden

$$k_d = - \frac{l^3 p^2}{24 P^2} \cos^2 \beta = - \frac{l\, p^2}{24 P^2} (l^2 - 2h^2). \qquad (2)$$

Bei gleich hohen Bandenden ist $\cos^2 \beta = 1$ und $2h^2 = 0$.

*) Jordan-Eggert-Kneißl, Band IV/1, 10. Aufl. 1958, §§ 56, 57. — Gigas, E., Verwendung von Invardrähten bei Grundlinienmessungen. Berlin 1934. — Pötzschner, W., Streckenmessung mit freihängendem Stahlbandmaß. Ztschr. f. Verm.-Wesen Jahrg. 1956, S. 365ff. und Nachr. d. Niedersächs. Verm. u. Kat.-Verwaltung 1965, S. 148. — Hake, G., Polygonierung mit dem 100-m-Stahlband. Allg. Verm.-Nachr. 1958, S. 358. — Engelbert, W., 100-m-Stahlband mit Überteilung. Ztschr. f. Verm.-Wesen Jahrg. 1959, S. 100f.

c) Die Verbesserung wegen unterschiedlicher Meereshöhe der Bandenden oder der Unterschied zwischen der schrägen Sehne und ihrer Horizontalprojektion ist

$$k_h = -l(1 - \cos\beta) = -h^2/2l. \tag{3}$$

Mithin ist der horizontale Abstand der Meßmarken

$$s = l + k_t + k_d + k_h.$$

21.2 Streckenmessung mit einem 100-m-Band. 100-m-Bänder werden aus schwedischem Stahl mit einem Querschnitt von $4 \times 0{,}3$ mm hergestellt. Die vollen Meter sind durch kleine Nieten angegeben; die geraden Meter sind beziffert. Das Band wiegt rund 1 kg und hängt bei gleich hohen Bandenden und 100 m Entfernung und 10 kg Spannung 1,22 m durch; bei 50 m und 10 kg Spannung sind es noch 0,31 m. Die Messung kann je nach den Genauigkeitsansprüchen verschieden angeordnet werden:

a) Man markiert die Enden der Strecke durch je einen in einem Fluchtstabhalter gut lotrecht gestellten Fluchtstab, an dem, wie in Bild 40 rechts, eine horizontale Anlegemarke angebracht ist. Dann befestigt man in Höhe der Marken das Band nebst dem Spannungsmesser an zwei mit Aufhängevorrichtungen ausgestatteten Stäben, sorgt durch Neigen der Stäbe dafür, daß an einem Ende die Nullmarke anliegt und am anderen Ende der Spannungsmesser die vorgeschriebene Spannung (10 kg) zeigt, und bestimmt mit Hilfe eines kurzen Handmeßbandes den Abstand der letzten Meterniete von der Endmarke. Die Neigung des Bandes gegen die Horizontale ermittelt man

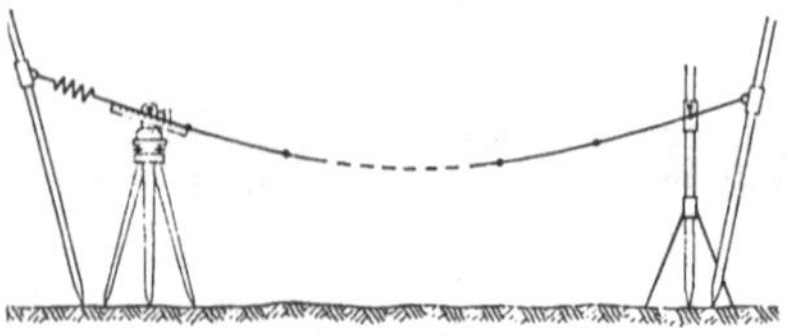

Bild 40. 100-m-Band.

bei schwachem Gefälle mit einem Gefällmesser, bei größerem durch Nivellement.

b) Die Neigung der Bandsehne kann auch mit einem Theodolit gemessen werden, bei dem die durch einen Punkt am Fernrohrträger bezeichnete Kippachse den einen Endpunkt angibt (Bild 40). Der andere Endpunkt wird wie unter a) markiert. Beim Spannen und Ablesen wird ebenfalls wie unter a) verfahren. Für die an der Ablesung anzubringenden Korrekturen fertige man sich nach den Formeln in 21.1 eine Tabelle oder ein Nomogramm.

Mit dem 100-m-Band kann über kleinere Geländehindernisse hinweg sehr schnell und, wenn die Bänder sorgfältig geeicht und die Endmarken gut zentriert sind, auch recht genau gemessen werden. Doch müssen, um auf 100 m mittlere Fehler von ± 0,001 m, ± 0,01 m, ± 0,02 m zu erreichen, die für k_t, k_d und k_h erforderlichen Größen mit nachstehender Genauigkeit ermittelt werden:

100 m	± 0,001 m	± 0,01 m	± 0,02 m
Temperatur t	± 0,4 °C	± 4 °C	± 9 °C
Bandgewicht p	± 6 g	± 60 g	± 120 g
Zugspannung P	± 40 g	± 400 g	± 800 g
Höhenwinkel bei $\beta = 1^g$	± 2^c	± 20^c	± 40^c
bei $\beta = 5^g$	± $0{,}4^c$	± 4^c	± 8^c

Wird das Band in der Mitte bis an die Sehne angehoben, so geht, wie (2) erkennen läßt, k_d auf $^1/_4$ zurück.

Zahlenbeispiel: Eine Strecke AB von rund 200 m war nach dem Verfahren b) jedoch ohne Unterstützung in der Mitte zweimal unabhängig zu messen. Dazu wurden in der Mitte der Strecke zwei nahe beieinanderliegende Wechselpunkte W_1 und W_2 eingefluchtet; dann wurde von A und B aus nach W_1 und W_2 gemessen, und schließlich wurden die Teilstrecken in der aus Bild 41 ersichtlichen Weise kombiniert.

100-m-Band Nr. 10

$\delta = +12{,}8$ mm; $\alpha = 0{,}0000115$; $p = 0{,}00940$ kg/m; $P = 10{,}00$ kg

Strecke von	Strecke nach	β g	l m	t °C	k_t mm	k_d mm	k_h mm	k mm	$s = l + k$ m
A	W_1	0,6580	98,429	16,1	+ 8	—35	—5	—32	98,397
W_1	B	0,2650	96,349	17,6	+10	—33	—1	—24	96,325
A	W_2	0,6800	99,029	16,1	+ 8	—36	—6	—34	98,995
W_2	B	0,2490	95,748	17,6	+10	—32	—1	—23	95,725

AB über W_1: 194,722
über W_2: 194,720
Mittel: 194,721

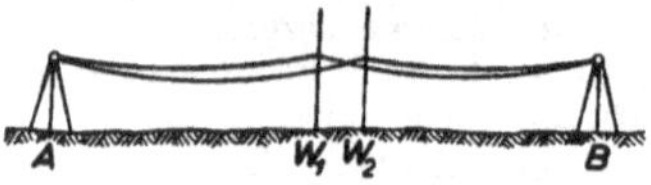

Bild 41.

21.3 Basismessung mit Invardrähten. Für feinste Streckenmessungen (Basismessungen) benutzt man Drähte aus Invar, einer Nickelstahllegierung, deren Wärmeausdehnungskoeffizient nahezu Null ist. Ihre handelsübliche Länge ist 24 m, ihre Dicke 1,65 mm. An beiden Enden sind 8 cm lange Maßstäbe mit Millimeterteilung angebracht. Die genaue Spannung wird durch Gewichte von meistens 10 kg hergestellt. Die zu messende Strecke, deren Neigung 3^g nicht übersteigen soll, muß zuvor in Teilstrecken von rund 24 m unterteilt werden, deren jede mit mindestens 3 verschiedenen Drähten gemessen wird.

Neben den in 21.1 aufgeführten Reduktionen werden noch weitere Korrekturen angebracht, insbesondere wegen Ausweichens aus der Geraden, wegen Deformation der Kettenlinie bei ungleich hohen Auflagen, wegen Abweichens der Spanngewichte vom Sollmaß, wegen der Dehnung des Drahtes und wegen der Reduktion auf den Landeshorizont. Mit eingeübtem Personal läßt sich dann ein mittlerer Fehler (innere Genauigkeit) von ± 1 mm je km erreichen. Vgl. die Anmerkung auf S. 47.

22 Indirekte Streckenmessung mit Basislatte

22.1 Grundlagen. Bei der indirekten oder optischen Streckenmessung wird eine lange Strecke aus einer kurzen durch Messung eines parallaktischen Winkels abgeleitet. Zur Bestimmung der Strecke SP seien in einem gleichschenkligen Dreieck, in dem SP die Höhe ist, die Basis b und der ihr gegenüberliegende parallaktische Winkel γ gemessen. Dann ist

$$SP = s = \frac{b}{2} \cot \frac{\gamma}{2}. \quad (1)$$

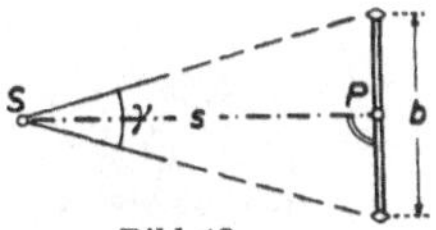

Bild 42.

Zur fehlertheoretischen Untersuchung differenziere man (1) nach b und γ und dividiere auf beiden Seiten durch s. Man findet, wenn man unbedeutende Vernachlässigungen zuläßt und, um den ungünstigsten Fall zu berücksichtigen, die Fehleranteile addiert,

$$\frac{ds}{s} = \frac{db}{b} + \frac{d\gamma}{\gamma}, \quad (2)$$

in Worten: Der relative Fehler von s ist gleich der Summe der relativen Fehler von b und γ.

Um zu absoluten Zahlen zu kommen, werde angenommen, daß eine Strecke von 100 m aus einer Basis $b = 2$ m mit einem relativen Fehler von höchstens 1 : 5000, d. h. absolut auf höchstens 2 cm abzuleiten sei. Es liegt nahe, dann für jeden der beiden Ausdrücke in (2) die Genauigkeit 1:10000 vorzuschreiben. Bei $s = 100$ m ist $\gamma = 1{,}2732^{g}$. Also muß $db \leqq 0{,}2$ mm und $d\gamma \leqq 1{,}3^{cc}$ sein. Um den dafür erforderlichen Meßaufwand möglichst niedrig zu halten, sind instrumentelle Einrichtungen entwickelt worden, die entweder eine konstante Basis oder einen konstanten parallaktischen Winkel besitzen. Dann braucht im ersten Falle nur der Winkel, im zweiten nur die Basis gemessen zu werden.

22.2 Einrichtung und Aufstellung der Basislatte. Als konstante Basis wird vorwiegend eine 2 m lange Basislatte benutzt. Diese besteht aus einem leichten Metallrohr, das mittels eines Dreifußes auf einem Theodolitstativ in horizontaler Lage befestigt wird. An den Enden trägt die Latte zwei sorgfältig ausgebildete Zielmarken, deren Abstand mit Hilfe eines Invarbandes, eines Invarstabes oder einer sonstigen Einrichtung zur Temperaturkompensation

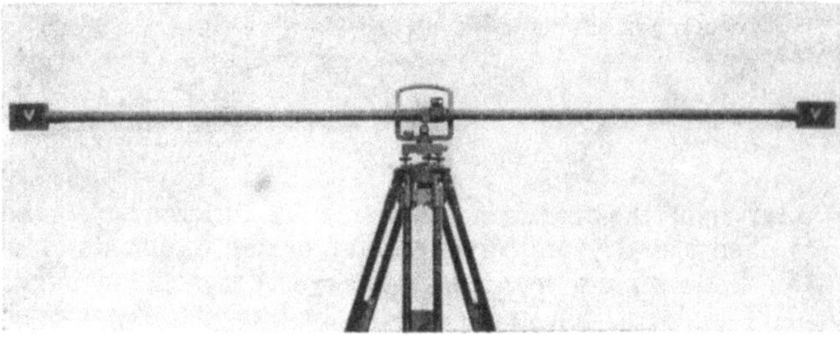

Bild 43. 2-m-Basislatte von Fennel.

auf möglichst genau 2 m gehalten wird. Eine Lattenlibelle dient zum Horizontieren der Latte; mit einem auf das Instrument einzurichtenden Lattendiopter wird die Latte normal zur Ziellinie gestellt. Für den Transport kann die Latte zusammengeklappt oder in zwei 1-m-Stücke zerlegt werden.

Um die Genauigkeit 1 : 10000, d. h. 0,2 mm für den Abstand der beiden Zielmarken, konstruktiv zu erreichen, müssen die Einrichtungen zum Zusammenklappen oder -schieben der Latte so gut funktionieren, daß weder ein Abstandsfehler noch ein Knick entsteht [24.3]. Beim Aufstellen der Latte muß sodann, um die Genauigkeitsgrenze 1 : 10000 nicht zu gefährden, dafür gesorgt werden, daß die Latte nicht mehr als $0{,}3^g$ aus der Horizontalen abweicht und höchstens $0{,}3^g$ gegen die Zielrichtung verschwenkt ist [24.4].

22.3 Parallaktische Winkelmessung mit dem Theodolit. Die Winkel nach den Zielmarken können mit einem Feinmeßtheodolit oder mit einem Ingenieurtheodolit gemessen werden. Um dabei die Genauigkeitsforderung 1 : 10000 einzuhalten, muß für

$s =$ 25	50	75	100	150 m
$d\gamma =$ 5,2	2,6	2,0	1,3	$0{,}9^{cc}$

sein. Ein moderner Feinmeßtheodolit läßt für einen in beiden Fernrohrlagen beobachteten Winkel einen mittleren Fehler von $\pm 3^{cc}$ bis 5^{cc} erwarten. Um für 100 m entsprechend der obigen Tabelle auf $m_\gamma \leqq 1{,}3^{cc}$ zu kommen, müßten, da der mittlere Fehler mit der Wurzel aus der Anzahl der Wiederholungen zurückgeht [Band I 14.4], rund 10 Sätze beobachtet werden. Das wäre unwirtschaftlich. Man beobachtet daher in einer Visur in der Regel nur Strecken bis zu 75 m und begnügt sich auf diese Entfernung mit einem mittleren Streckenfehler von $\pm$ 1 cm, wozu $m_\gamma \leqq 2{,}3^{cc}$ sein muß. Das läßt sich mit einem Feinmeßtheodolit in 3 vollen Sätzen und mit einem Ingenieurtheodolit in 8—10 Repetitionen erreichen*). Beim Zusammenwirken aller Fehlerquellen kann dann auf 75 m ein mittlerer Streckenfehler von $\pm$ 1 bis 2 cm, d. h. ein relativer Fehler von etwa 1 : 5000 erwartet werden.

Da der Horizontalwinkel unabhängig von der Geländeneigung ist, wird bei der Streckenbestimmung mit horizontaler Basislatte stets die Horizontalprojektion der Strecke erhalten.

22.4 Die Anordnung der Messung**).

22.41 *Basis am Ende.* Bei Strecken bis 75 m wählt man die Anordnung Bild 42 und erhält, wenn der parallaktische Winkel mit γ_1 bezeichnet wird, die Strecke aus

$$s = \frac{b}{2} \cot \frac{\gamma_1}{2} \,. \tag{3}$$

*) Bahnert, Messung der parall. Winkel; Vermessungstechnik 1963, S. 53; Benatzki, Zur parall. Streckenmessung mit der Basislatte, a. a. O. 1964, S. 353.

**) Vgl. Ziff. 6 des Lit.-Verz., S. 107 und 108.

Der aus der Winkelmessung folgende Fehleranteil ist wegen (2) für m_s in cm, s in hm, $b = 2$ m und $\varrho = 636620$

$$m_s = \pm \frac{s^2}{b} \cdot \frac{m_\gamma}{\varrho} \approx 0{,}80\, m_\gamma^{cc} \cdot s^2. \tag{4}$$

22.42 *Basis in der Mitte.* Bei Strecken von 75 bis 150 m wird die Basislatte rechtwinklig zur Strecke in deren Mitte aufgestellt und von den beiden Endpunkten angezielt. In diesem Falle ist

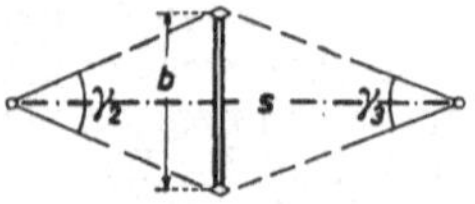

Bild 44.

$$s = \frac{b}{2}\left(\cot\frac{\gamma_2}{2} + \cot\frac{\gamma_3}{2}\right). \tag{5}$$

Die Fehlerrechnung ergibt unter der Annahme, daß γ_2 und γ_3 mit gleicher Genauigkeit gemessen werden, den mittleren Streckenfehler

$$m_s = \pm \frac{s^2}{2{,}8b} \cdot \frac{m_\gamma}{\varrho} \approx \pm\, 0{,}28\, m_\gamma^{cc} \cdot s^2. \tag{6}$$

Also geht m_s, wie ein Vergleich mit (4) zeigt, beim Anordnen der Basis in der Mitte der Strecke auf nahezu $^1/_3$ des ursprünglichen Betrages zurück.

22.43 *Hilfsbasis am Ende.* Noch längere Strecken können durch mehrfache Unterteilung oder — meistens schneller — mittels einer Hilfsbasis bestimmt werden. Wird diese an einem Endpunkt angeordnet, so ist

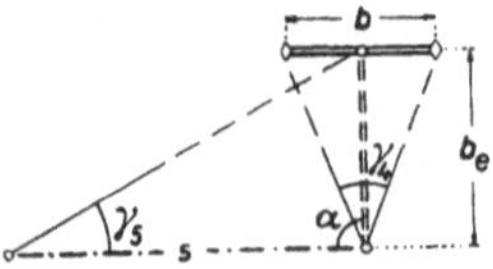

Bild 45.

$$b_e = \frac{b}{2}\cot\frac{\gamma_4}{2}\,;$$

$$s = b_e \frac{\sin(\alpha + \gamma_5)}{\sin\gamma_5}. \tag{7}$$

Am günstigsten ist es, wenn γ_4 und γ_5 ungefähr gleich groß sind ($b_e = \sqrt{bs}$) und mit gleicher Genauigkeit beobachtet werden. Der Winkel α braucht, wenn $\alpha = 100^g$ ist, nur auf einige Minuten genau bestimmt zu werden. Dann ergibt sich als mittlerer Streckenfehler

$$m_s = \pm s^{3/2} \sqrt{\frac{2}{b}} \cdot \frac{m_\gamma}{\varrho} \approx \pm 0{,}16\, m_\gamma{}^{cc} \cdot \sqrt{s^3}. \tag{8}$$

22.44 *Hilfsbasis in der Mitte.* In diesem Fall ist

$$b_e = \frac{b}{2} \cot \frac{\gamma_6}{2}\,; \; AB = s = b_e(\cot \gamma_7 + \cot \gamma_8). \tag{9}$$

Die optimale Länge der Hilfsbasis ist

$$b_e = \sqrt{\frac{b s}{2\sqrt{2}}} \approx 0{,}6 \sqrt{b s}.$$

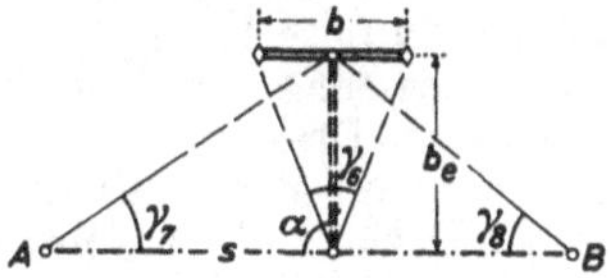

Bild 46.

Der mittlere Streckenfehler ergibt sich, wenn im übrigen dieselben Voraussetzungen wie in (8) gemacht werden, zu

$$m_s = \pm s^{3/2} \sqrt{\frac{1}{b\sqrt{2}}} \cdot \frac{m_\gamma}{\varrho}. \tag{10}$$

Zahlenbeispiel: Eine Strecke von 400 m soll mit Hilfe einer 2-m-Basislatte mit einem mittleren Fehler von $\pm$ 4 cm bestimmt werden. Mit welchem mittleren Fehler müssen a) im Falle des Bildes 45 γ_4 und γ_5, b) im Falle des Bildes 46 γ_6, γ_7, γ_8 beobachtet werden? Zu a) ergibt sich aus (8) $m_\gamma = \pm\, 3{,}2^{cc}$, zu b) aus (10) $m_\gamma = \pm\, 5{,}3^{cc}$.

22.5 Meßbereiche. Bei jeder Fehlerabschätzung beachte man, daß die Gleichungen (4), (6), (8) und (10) nur den von der Winkelmessung herrührenden Anteil des mittleren Streckenfehlers enthalten. Den durch den mittleren Lattenfehler verursachten Betrag bekommt man, wenn man den Lattenfehler mit dem Verhältnis Strecke zur Latte multipliziert. Erst durch Beachtung beider Fehleranteile, die nach dem Quadratwurzelgesetz [Band I 14 (12)] zusammenwirken, erhält man den mittleren Gesamtfehler der Strecke. Geht man aus von der auf S. 46 begründeten Faustformel

$m_s = \pm 0{,}002 \sqrt{s}$ und unterstellt, daß die parallaktischen Winkel mit einem mittleren Fehler von $\pm$ 2—3^{cc} bestimmt werden, so kann man den verschiedenen Meßverfahren die nachstehenden Entfernungsbereiche zuordnen*):

2-m-Basis am Ende	bis 75 m
2-m-Basislatte in der Mitte	bis 150 m
Hilfsbasis am Ende	bis 400 m
Hilfsbasis in der Mitte	bis 750 m.

23 Indirekte Streckenmessung mit Doppelbildtachymetern

23.1 Grundlagen. Die Streckenmessung mit einem Tachymeter (griech. ταχύς = schnell) beruht ebenso wie die Streckenmessung mit einer Basislatte auf der Idee des parallaktischen Dreiecks [22.1]; doch wird im Gegensatz zum Verfahren mit der Basislatte der Winkel γ konstant gemacht. Dazu wird das Meßfernrohr durch Zusatzeinrichtungen mit zwei Ziellinien ausgestattet, die den Winkel γ miteinander bilden. Diese schneiden aus einer am Ziel aufgestellten Latte den Lattenabschnitt l heraus, der der Entfernung vom Scheitel des parallaktischen Winkels bis zur Latte proportional ist. Nennt man den Proportionalitätsfaktor k (= Multiplikationskonstante) und bezeichnet, falls der Scheitel des parallaktischen Winkels nicht im Schnitt der Kippachse des Instruments mit der Stehachse liegt, die Entfernung des Scheitels von der Kippachse mit c (= Additionskonstante), so ist

$$s = c + kl. \tag{1}$$

Bei modernen Instrumenten ist meistens $k = 100$; c liegt gewöhnlich zwischen 0 und 5 cm.

Der parallaktische Winkel kann mit sehr verschiedenen Mitteln erzeugt werden [Bd. III 31]. Um die in 22.3 diskutierte Genauigkeit 1:5000 zu erreichen, müssen insbesondere die Fadenparallaxe [Band I 52.5] und die Differentialrefraktion [Band II 24.1] ausgeschaltet werden. Das leisten die mit einem achromatischen Vorsatzkeil ausgestatteten Doppelbildtachymeter in Verbindung mit einer horizontalen Ziellatte.

*) VEB Jenoptik, Druckschrift Nr. 10 — S 5/080 a—1; siehe auch Zaiser, Ortspolygonierung mit der Basislatte. Allg. Verm.-Nachr. 1964, S. 366.

23.2 Einfache Doppelbildtachymeter. Wird vor das Objektiv eines Theodolitfernrohrs ein die Hälfte des Objektivs bedeckender Keil mit vertikaler Kante geschoben, so gehen okularseitig einfallende Hauptstrahlen, die die unbedeckten Teile des Objektivs passieren, geradlinig hindurch, während die den Keil durchlaufenden Strahlen seitlich um den Winkel γ abgelenkt werden (Bild 47). Umgekehrt erscheinen beim Anzielen einer im Zielpunkt horizontal aufgestellten Latte im Fernrohrgesichtsfeld zwei um den Lattenabschnitt l gegeneinander verschobene Bilder der Latte. Der Zahlenwert von l wird erhalten, indem man die Lage der in einem Teilbild enthaltenen Ablesemarke an der im anderen Teilbild erscheinenden Lattenteilung ohne Zuhilfenahme des Fadenkreuzes abliest (Bild 48).

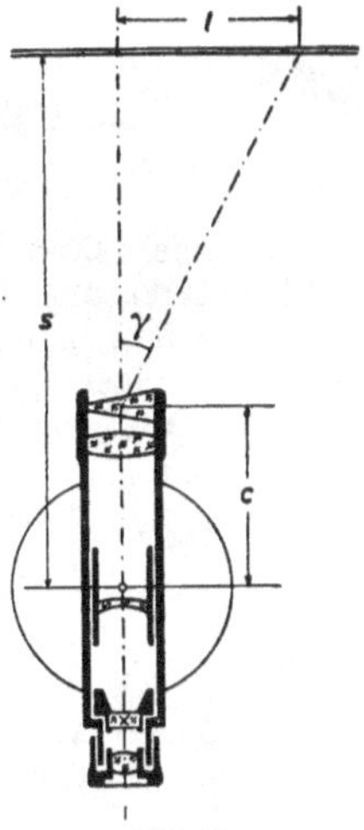

Bild 47. Keildistanzmessung.

Die kürzeste Entfernung vom Scheitel des parallaktischen Winkels bis zur Latte ist gemäß Bild 47 $l \cot \gamma$, und wenn $\gamma = 63{,}66^c$ genommen wird, so ist $\cot \gamma = k = 100$. Zur Berücksichtigung der Additionskonstanten c wird die Ablesemarke auf der Latte um c/k verlegt. Versteht man nunmehr unter l den mit der neuen Ablesemarke gefundenen Lattenabschnitt, so ist $s = 100\, l$.

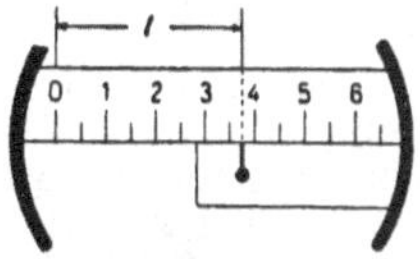

Bild 48. Lattenablesung (schematisch).

Bei geneigter Visur wird bei dieser Anordnung die schräge Entfernung erhalten. Daher muß zusätzlich der Höhenwinkel vom Instrument zur Mitte der Latte beobachtet und die schräge Strecke durch Multiplikation mit dem Cosinus des Höhenwinkels auf die Horizontale reduziert werden [12.32].

Eine Schwierigkeit besonderer Art ergibt sich dadurch, daß sowohl der von dem Keil bedeckte wie der unbedeckte Teil des Objektivs vollständige Bilder der Latte entwerfen. Es entstehen infolgedessen in der Bildebene zwei einander durchdringende Lattenbilder, die der Beobachter kaum

Bild 49. Dimeßlatte (Ausschnitt).

auseinanderhalten kann. Zur Abhilfe werden die von der Ablesemarke und der Teilung nicht beanspruchten Lattenteile schwarz bemalt; dann fallen je eine weiße und eine schwarze Fläche zusammen und ergeben einen grauen Ton, von dem die gut geschwärzten Teilstriche sich abheben.

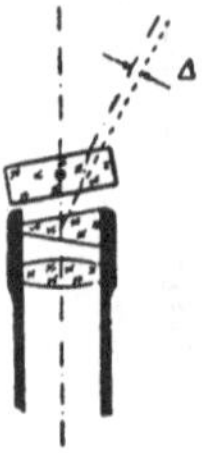

Bild 50. Vorsatzkeil mit Planplatte.

Zur Feinablesung ist entweder die Ablesemarke als Nonius ausgebildet oder es ist vor dem Keil eine Planplatte angeordnet, mit deren Hilfe der abgelenkte Strahl, um die Ablesemarke mit einem Teilstrich zur Deckung zu bringen, parallel versetzt werden kann (Bild 50), oder es sind beide Einrichtungen vorhanden.

Keiltachymeter dieser Art fertigen die Firmen Kern (DM-M), Wild (DM 1) und Jenoptik (Dimess und den mit logarithmisch eingeteilter Latte arbeitenden Lotakeil).

Die Latte wird durch ein mit zwei Streben versehenes Standrohr gehalten, auf dem sie sich auf- und abbewegen läßt. Etwa in der Mitte der Latte ist ein Diopter aufgesetzt, mit dessen Hilfe sie normal zur Hauptzielrichtung gestellt wird.

Das Instrument richtet man, nachdem es zentriert und horizontiert ist, so ein, daß die sich mehr oder weniger überdeckenden Lattenbilder in der Mitte des Gesichtsfeldes erscheinen; dann liest man die Meter an der Latte, die Dezimeter am Nonius und die Zentimeter an der Mikrometertrommel ab. Besonders für den Anfänger empfiehlt es sich, die Planplatte 2- bis 4mal einzustellen. Dadurch wird man eine Strecke von 100 m bei einigermaßen günstigen meteorologischen Verhältnissen mit einem mittleren Fehler von $\pm$ 2 cm erhalten.

23.3 Doppelbildtachymeter mit Reduktionseinrichtung. Ein Keiltachymeter mit automatischer Reduktion hat auf Vorschlag des Schweizer Grundbuchgeometers Bosshardt zuerst (1926) die Firma Carl Zeiss gebaut. Bei diesem Instrument sind statt eines festen Keils zwei um die optische Achse des Fernrohrs drehbare kreisförmige Keile mit nur halb so großen Keilwinkeln angebracht. Diese beiden Keile werden bei der Kippung des Fernrohres automatisch so gegeneinander verdreht, daß ihre Brechkraft bei horizontaler Visur zu $k = 100$ zusammengefaßt, bei Visur zum Zenit dagegen aufgehoben wird ($k = 0$). Bei beliebigem Höhenwinkel α ist $k = 100 \cos \alpha$, so daß die Multiplikation des Lattenabschnittes mit 100 die auf den Horizont reduzierte Strecke ergibt.

Der Längsschnitt durch das Fernrohr läßt die Konstruktion im einzelnen erkennen. Ein okularseitig einfallendes Strahlenbüschel wird zunächst durch eine Blende und dann durch ein mit einer Sammellinse kombiniertes Dachkantprisma geführt. Blende und Dachprisma bewirken, daß das

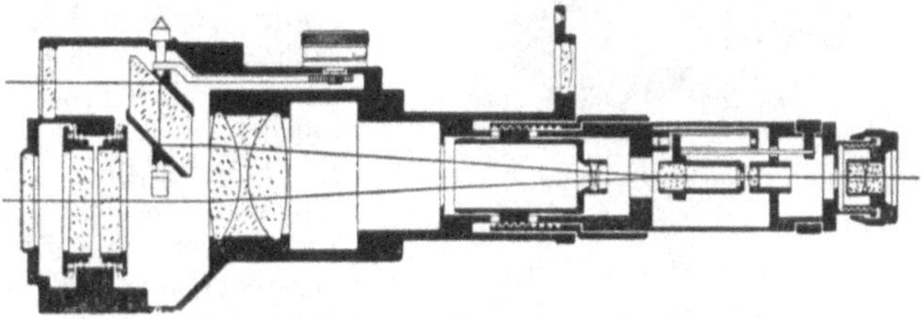

Bild 51. Längsschnitt durch Redta-Fernrohr.

Strahlenbüschel in eine untere und eine obere Hälfte zerlegt wird. Die in den unteren Teil geleiteten Strahlen müssen nach dem Durchgang durch das Objektiv die Drehkeile passieren und erfahren dabei die oben beschriebene seitliche Ablenkung. Die den oberen Teil durchlaufenden Strahlen werden, um Raum für die Drehkeile zu schaffen, durch ein rhombisches Prisma parallel nach oben versetzt. Sie können ferner durch eine Drehung des Prismas um die Vertikalachse seitlich um einen kleinen Betrag parallel zu sich selbst verschoben werden, womit das Prisma nebenher eine ähnliche Funktion erfüllt wie die Planplatte im Bild 50. Im Fernrohrgesichtsfeld sieht man zwei Halbkreise, die durch die horizontale Kante des Dachprismas scharf voneinander getrennt sind. Diese Kante bringt man auf die Mitte der (zum Erhalten eines klaren Bildes meistens in Doppelzentimeter geteilten) Latte. Dann kann man mit Hilfe von Lattennonius und optischem Mikrometer den Lattenabschnitt ablesen, der nach Multiplikation mit 100 die Horizontalprojektion der Strecke mit der in 23.2 am Schluß erläuterten Genauigkeit ergibt. Horizontal- und Höhenkreis werden in einem Skalamikroskop abgelesen. Im Mikroskopgesichtsfeld erscheint außerdem ein Fenster mit dem Tangens des Höhenwinkels, der mit der horizontalen Entfernung multipliziert den Höhenunterschied ergibt. Das Bild 52 zeigt die Jenaer Ausführung. Ähnliche Typen führen die Schweizer Firmen Kern und Wild.

Bild 52. Jenoptik Redta.

Die äußerste Reichweite der Keildistanzmesser beträgt bei günstigen atmosphärischen Bedingungen 100 bis 130 m. Bei noch größeren Entfernungen sinkt die Genauigkeit schnell ab. Längere Strecken (z. B. Polygonseiten) beobachte man in ähnlicher Anordnung, wie sie Bild 41 zeigt, in Teilstrecken.

24 Fehlerbekämpfung bei der optischen Streckenmessung

Die Genauigkeit von $\pm$ 2 cm auf 100 m läßt sich, wie die Erfahrung der letzten 30 Jahre bestätigt hat, nur mit einem einwandfreien Instrumentarium in Verbindung mit einer sinnvollen Bedienung erreichen. Der Beobachter muß daher die wichtigsten Fehlerursachen kennen, um sie bekämpfen zu können.

24.1 Bodennahe Refraktion, Flimmern und Schweben. Die optische Distanzmessung spielt sich in der Hauptsache in dem etwa 2 m hohen Luftraum unmittelbar über der Erdoberfläche ab, den man sich idealisiert als Folge parallel zur Oberfläche aufeinander lagernder Luftschichten mit von unten nach oben veränderlicher Dichte vorstellen möge. Die unterschiedliche Luftdichte hat wechselnde Brechungskoeffizienten zur Folge. Der Zielstrahl vom Instrument zur Latte ist daher, insbesondere wenn er mehrere Luftschichten durchläuft, nicht geradlinig, sondern gebogen, d. h. er unterliegt der bodennahen Refraktion.

Die ideale Schichtung der Luft wird jedoch sehr häufig gestört. Durch die Sonneneinstrahlung — also tagsüber — erwärmt sich die unmittelbar auf dem Erdboden lagernde Luft am stärksten, so daß von unten nach oben die Temperatur ab- und die Dichte zunimmt (Einstrahlungstyp, negativer Temperaturgradient). Nach Aufhören der Sonnenstrahlung bildet sich eine wesentlich schwächere Gegenbewegung aus, bei der die bodennahe Grenzschicht der Sitz der tiefsten Temperatur wird (Ausstrahlungstyp, positiver Temperaturgradient).

Durch das Wärmegefälle und durch den Wind werden kleinere und größere Luftteile mehr oder weniger schnell ausgetauscht. Geht der Austausch sehr schnell vor sich, so folgt das jedem Beobachter bekannte Flimmern der Luft, das insbesondere zur Mittagszeit das Beobachten unmöglich machen kann. Lösen sich größere Luftkörper langsam ab, so spricht man vom Schweben. Dadurch wird ein anomaler Refraktionszustand hervorgerufen, der meistens vom Beobachter nicht bemerkt wird und daher eine gefährliche Fehlerquelle sein kann.

Bodennahe Refraktion, Flimmern und Schweben sind die wichtigsten Fehlerquellen der optischen Distanzmessung. Da diese Erscheinungen in erster Linie eine Funktion des Bodenabstandes sind, werden bei der Präzisionsdistanzmessung vorwiegend horizontale Latten benutzt. Temperatur- und Luftschichtungen können aber auch an sonnenbestrahlten Wänden, Wällen und Hecken auftreten und eine seitliche Ablenkung des Zielstrahls

(Lateralrefraktion) zur Folge haben; daher bleibe man von ihnen stets mehrere Meter entfernt.

24.2 Fehler des Instruments. Die Additionskonstante, die Multiplikationskonstante, die Höhenzeigerlibelle und die Reduktionseinrichtung können ihre Justierung ändern. Zur Berichtigung ist jedem Instrument von der Herstellerfirma eine Justierungsanweisung beigegeben, die von Typ zu Typ verschieden ist.

Die Additionskonstante und die Multiplikationskonstante ändern sich erfahrungsgemäß so wenig, daß man besser von einer Justierung Abstand nimmt. Zweckmäßig legt man — auch zur Erfassung der regelmäßigen Lattenfehler und eines Teils der in 24.5 erörterten persönlichen Fehler — eine etwa 100 m lange Vergleichsstrecke mit Zwischenmarken bei 20, 40, 60 und 80 m an, auf der das Instrument während der Feldarbeit alle 8 bis 14 Tage überprüft wird. Nach dem Ergebnis der Prüfmessungen fertige man sich eine Korrekturtabelle, die für alle Strecken von 10 bis 130 m die erforderlichen Zuschläge gibt, und verbessere damit bei der häuslichen Bearbeitung die im Felde gewonnenen Rohergebnisse.

Fehler der Reduktionseinrichtung treten nur bei stärkerer Geländeneigung in Erscheinung; sie fallen heraus, wenn die Strecke vor- und rückwärts beobachtet wird. Auch hierfür läßt sich nach Prüfmessungen auf einer schrägen Vergleichsstrecke eine Korrekturtabelle anlegen.

Fehler der Höhenzeigerlibelle [12.32] werden nach der Justieranweisung beseitigt.

24.3 Fehler der Latte. Die Latten können regelmäßige und unregelmäßige Teilungsfehler aufweisen. Die unregelmäßigen Fehler bleiben nach dem Ergebnis zahlreicher Untersuchungen unter 0,05 mm. Die regelmäßigen Teilungsfehler und länger anhaltende Änderungen der Lattenlänge werden bei der oben empfohlenen Überprüfung auf einer Vergleichsstrecke erfaßt und in Rechnung gestellt. Darüber hinaus sind von Zeit zu Zeit Vergleiche der Latten mit einem Prüfmeter erforderlich.

Gefährlicher sind Knicke bei der 2-m-Basislatte und Durchbiegungen der horizontalen Distanzlatten. Diese Erscheinungen bewirken einerseits, daß die beiden Ablesestellen sich einander nähern, wodurch die Strecken zu lang erhalten werden. Zum anderen werden alle Strecken um den Abstand des Lattenzentrums von der geraden Verbindungslinie der Ablesestellen, also um einen konstanten Betrag, die Pfeilhöhe, positiv oder negativ verfälscht.

Ist z. B. ein 1 m langer Lattenabschnitt um nur 10 mm durchgebogen, dann nähern sich die Ablesestellen um 0,25 mm; bei $k = 100$ entsteht dadurch ein Streckenfehler von $+ 25$ mm. Hierzu kommt noch je nach der Richtung der Durchbiegung die Pfeilhöhe mit $\pm$ 10 mm. Geknickte oder verbogene Latten übergebe man daher zur Reparatur der Herstellerfirma.

24.4 Fehlerhafte Aufstellung der Latte. Folgende Fehler sind in Betracht zu ziehen:

a) Die Latte ist gegen den Horizont geneigt;
b) sie steht nicht rechtwinklig zur Hauptzielrichtung;
c) der Lattenabschnitt liegt unsymmetrisch zum Ziel.

In den Fällen a) und b) wird die Strecke zu groß erhalten. Für jeden der Fälle bleibt jedoch die Genauigkeitsgrenze 1:10000 gewahrt, wenn die Abweichungen unter $0{,}64^g$ bleiben. Da beide Erscheinungen im gleichen Sinne wirken können, gilt als Regel, daß die Abweichungen $0{,}3^g$ nicht überschreiten sollen. Der Fehler zu c) bleibt unter der angegebenen Genauigkeitsgrenze, wenn der für die Messung in Anspruch genommene Lattenabschnitt die im Hauptzielpunkt aufgestellte Standlatte noch an einem Ende berührt.

24.5 Persönliche Fehler. Die persönlichen Fehler haben ihre Ursache in bestimmten Einstell- und Ablesegewohnheiten des Beobachters, seltener in Augenfehlern. Die wichtigsten persönlichen Fehler sind:

a) *Die Dezimaltäuschung*; d. h. der Beobachter pflegt beim Schätzen der Zehntel gewisse Dezimalen, etwa 0,2 oder 0,8, zu bevorzugen. Diesem Fehler kann durch Wiederholung der Messung an verschiedenen Lattenstellen und durch Selbstkontrolle entgegengewirkt werden. Wird wie bei den meisten Keildistanzmessern ein optisches Mikrometer benutzt, so tritt dieser Fehler nicht auf.

b) *Fehler beim Koinzidieren*; d. h. der Beobachter koinzidiert unterschiedlich, je nachdem er von rechts oder von links an die zu koinzidierenden Striche herangeht. Zur Vermeidung dieses Fehlers koinzidiere man sowohl von links wie von rechts her und halte das Mittel an.

c) *Augenfehler* können durch eine Unsymmetrie der Hornhaut oder des Glaskörpers verursacht sein. Ihnen wird bei Doppelbildtachymetern dadurch entgegengewirkt, daß die Austrittspupillen des abgelenkten und des nichtabgelenkten Bildes ineinandergelegt werden. Grobe Mängel, z. B. Narben auf der Hornhaut, können bewirken, daß der Beobachter für die Präzisionsdistanzmessung ungeeignet ist.

d) *Unregelmäßige persönliche Fehler* können durch die Ausgestaltung der Zielmarken und durch wiederholtes Einstellen bekämpft werden.

25 Streckenmessung mit elektromagnetischen Wellen*)

25.1 Grundlagen. Bei diesen Verfahren läßt man ein Licht- oder Funksignal zwischen den Endpunkten der zu messenden Strecke hin- und zurücklaufen und beobachtet die dafür benötigte Zeit. Aus der Gleichung

$$2D = c \cdot t \tag{1}$$

gewinnt man die gesuchte Distanz D. Nun ist die Lichtgeschwindigkeit c aber sehr groß; daher ist der zu messende Zeitabschnitt t sehr klein. Die Zeiteinheit, in der die Laufzeiten der Signale ausgedrückt werden, ist die Nanosekunde ($= \sec \cdot 10^{-9}$). Sie entspricht der Fortbewegung eines elektromagnetischen Signals um 30 cm. Mithin muß man, um D auf 1,5 cm zu ermitteln, die Zeit auf $^1/_{10}$ Nanosekunde erfassen.

Die Träger der Meßsignale sind wegen des eindeutig definierten Strahlenweges in erster Linie Lichtwellen oder die in einigen Ausbreitungseigenschaften dem Licht ähnlichen Mikrowellen. Ihnen werden durch Modulation periodische Signale aufgeprägt, deren Frequenz die Genauigkeit des jeweiligen Verfahrens charakterisiert. Die Meßsignale können durch Amplituden- oder Frequenzmodulation des Trägers geformt werden. Im Gerät wird die Meßfrequenz f der gesendeten und der nach Hin- und Rücklauf über die zu messende Strecke empfangenen Welle einem Phasenvergleich

*) Höpcke, W.: Zum heutigen Stand der elektronischen Streckenmessung; Zeitschr. f. Verm.wesen 1959, S. 361. — Leitz, H.: Eine zweckmäßige Einrichtung zur Kontrolle der Modulationsfrequenzen bei elektronischen Entfernungsmessungen; ebenda Jahrgang 1965, S. 128. — Gigas, E.: Physikalisch-Geodätische Meßverfahren; Dümmlers Verlag, Bonn 1965. — Jordan-Eggert-Kneißl.: Handbuch der Vermessungskunde, Band VI, Entfernungsmessung mit elektromagnetischen Wellen und ihre geodätische Anwendung; Verlag Metzler, Stuttgart 1966. — Allgem. Verm.-Nachrichten; Spezialhefte für elektronische Streckenmessung seit Jahrgang 1962.

unterzogen. Die Phasendifferenz $\Delta\varphi$ ist das eigentliche Meßergebnis; sie bestimmt die Laufzeit nach

$$t = \frac{(N + \Delta\varphi)}{f} \text{ sec.} \tag{2}$$

Darin ist N die Anzahl der in der Laufzeit enthaltenen vollen Perioden und somit eine ganze Zahl. Die Signalgeschwindigkeit c ist, wenn die Lichtgeschwindigkeit im Vakuum c_0 beträgt und n der Brechungsindex ist,

$$c = c_0/n \text{ mit } c_0 = 299792{,}5 \text{ km/sec.} \tag{3}$$

In weiterentwickelten Geräten wird die Modulationsfrequenz meist so gewählt, daß nicht die Schwingungsdauer, sondern die Wellenlänge einen runden Wert erreicht (z. B. 10 m). Dazu führt man (2) und (3) in (1) ein und erhält

$$2D = (N + \Delta\varphi) \cdot \lambda \text{ mit } \lambda = c_0/n \cdot f. \tag{4}$$

Setzt man schließlich

$$E = \lambda/2 \text{ und } L = \Delta\varphi \cdot \lambda/2, \tag{5}$$

so wird

$$D = NE + L, \tag{6}$$

d. h. die Distanz setzt sich zusammen aus einer zunächst unbekannten Anzahl N ganzer Einheiten und dem Reststück L, das nach vorangegangener Eichung im Gerät abgelesen wird. N wird mit planmäßig abgewandelten Parallelmessungen gefunden.

25.2 Das Geodimeter, der von E. Bergstrand-Stockholm angegebene Prototyp der Instrumente, die die Lichtwellen als Träger benutzen, sendet einen mittels Kerrzelle mit 30 MHz amplitudenmodulierten Lichtstrahl in die Strecke. Die durch die Modulation erzeugten Wellen sind also 10 m lang. Ein Reflektor am anderen Endpunkt der Strecke richtet diesen Strahl auf den Empfänger des Geodimeters, wo er der Photokathode eines Sekundärelektronenvervielfachers (SEV) zugeführt wird. Letzterer ist, wie jede Elektronenröhre, ein Gleichrichter, mit dem man den Phasenvergleich durchführen kann, wenn er mit derselben HF-Spannung gesteuert wird wie die Kerrzelle.

Eine sehr sinnreiche, fehlerkompensierende Schaltung erlaubt es, den Phasenunterschied an einem Verzögerer, der im Anodenkreis des SEV liegt, auf 0,001 E, also auf rund 0,5 cm abzulesen, nachdem ein Ampèremeter auf Null eingespielt wurde.

Bild 53. Geodimeter 6.

Eine solche Messung nach dem Reflektor (R-Messung) erfaßt aber außer dem Weg des Lichtes auf der zu messenden Strecke auch die optischen und elektrischen Weglängen im Gerät selbst. Deshalb wird die Summe der letzteren besonders gemessen, indem man zum Beispiel beim Modell 6 einen Lichtumschalter betätigt und nun das Licht vom Sender über ein Prismensystem direkt zum Empfänger führt (C-Messung). Die gesuchte Weglänge ist dann

$$R - C = L. \tag{7}$$

Die Mehrdeutigkeit überwindet man, indem man mit 3 etwas unterschiedlichen Frequenzen mißt. Für

$F_1 = 29{,}970000$ MHz, $F_2 = 30{,}044920$ MHz, $F_3 = 31{,}468500$ MHz

sind die entsprechenden Maßstabeinheiten (halbe Wellenlängen):

$$E_1 = 5{,}000000 \text{ m}, \quad E_2 = 4{,}987531 \text{ m}, \quad E_3 = 4{,}761905 \text{ m}.$$

Man hat also nach (6)

$$D = N_1 E_1 + L_1 = N_2 E_2 + L_2 = N_3 E_3 + L_3.$$

Die Längeneinheiten sind so gewählt worden, daß

$$400\, E_1 = 401\, E_2 = 2000 \text{ m}$$
$$20\, E_1 = 21\, E_3 = 100 \text{ m}$$

ist. Damit wird erreicht, daß die Differenzen

$$A = L_2 - L_1 \text{ und } B = L_3 - L_1 \tag{8}$$

periodisch linear von 0,00 m bis 5,00 m ansteigen, und zwar A in jedem 2000-m-Abschnitt und B in jedem 100-m-Abschnitt. So ist eine einfache Berechnung der Zahlen N möglich. A bestimmt den 100-m-Abschnitt, B den genaueren Wert D innerhalb dieses Abschnittes. Damit ist N_1 bekannt, N_2 ist für jeden vollen 2000-m-Abschnitt von D um 1 größer als N_1, N_3 ist für jeden vollen 100-m-Abschnitt von D um 1 größer als N_1. Freilich wiederholt sich ein Wertepaar A, B nach jeweils 2000 m; die Mehrdeutigkeit ist demnach insofern nicht vollständig beseitigt, als man schätzen muß, wie viele ganze 2000-m-Einheiten in D enthalten sind.

Die vorstehend genannten Daten gelten für das Geodimeter-Modell 6, das mit einer kräftigen Glühlampe bei Tage eine Reichweite bis 3 km und bei Dunkelheit bis 15 km hat. Mit einer verstärkten Lichtquelle (Quecksilberhöchstdrucklampe) beträgt die Reichweite 6 km bzw. 25 km. Natürlich sind diese Angaben von den Sichtverhältnissen abhängig. Für längere Distanzen steht das Modell 2 A des Geodimeters zur Verfügung, mit dem bei Dunkelheit und völlig klarer Sicht in Schweden bis 40 km, und mit einer Hg-Höchstdrucklampe noch längere Distanzen beobachtet worden sind.

Der mittlere Fehler der mit Geodimeter gemessenen Strecken beträgt etwa $\pm$ (1 cm + 2 mm je km), wenn die Modulationsfrequenzen unter Kontrolle gehalten und Abweichungen von den Sollbeträgen berücksichtigt werden.

Um diese hohe Genauigkeit zu sichern, bedarf es auch einer sorgfältigen Bestimmung des Brechungsindexes n der Atmosphäre im Strahlenverlauf, der von Temperatur, Luftdruck und Dampfdruck abhängt. Fehler in der Bestimmung dieser Daten bewirken einen Maßstabsfehler der Strecke, und zwar von 1 mm je km für einen Fehler von 1,0° C in der Temperatur, von 0,4 Torr im Luftdruck und von 0,05 Torr im Dampfdruck. Eine Messung mit dem Geodimeter-Modell 6 ist auf den Seiten 68 und 69 protokolliert.

Seit kurzem werden weitere mit Lichtwellen arbeitende Geräte vor allem in den USA und in der UdSSR gebaut. In Deutschland hat die Jenoptik im Jahre 1965 die Type „EOS“ entwickelt, bei der die Modulation in einem Ultraschallschwinger vorgenommen

 Fortsetzung S. 70

Streckenmessung mit Geodimeter 6

Standpunkt EGESTORF, 55 Zentrum				Tag 2.9.1965 Beg. 15,00 Ende 15,10	Mittel:	1631,777
Höhe: 81,08	99,3 | 997 | 999	99,3 | 998	198,8 | 369		Geod. konst. Refl. konst.	- 160.
i = 1,60	300,5 | 627 | 631	300,5 | 629	99,4 | 184	Temp. + 18 °C	Geod. zentr.	
H_1 = 82,68	(i.Theo. 1,52 m)	399,9 | 627		Luftdr. 752 mm	Refl. zentr.	
Gegenstation EGESTORF, 68				Faktor + 29	Atm. Korr.	+ ,047
Höhe: 96,44				Sicht diesig, bedeckt	Schrägstr.	1631,664
i = 1,25				Dip.	Horiz. Korr.	- ,069
H_2 = 97,69					NN-Korr.	- ,023
				Beob. So | Ber. So | Gepr. Le	m-Korr.	- ,022
ΔH = 15,01					Ergebnis	1631,550

Kontrolle 1+4−2+3

Ablesung Phase	F_1: C_1 s/o	R_1 s/o	F_2: C_2 s/o	R_2 s/o	F_3: C_3 s/o	R_3 s/o
1	299, s	157, o	260, s	497, s	323, s	480, o
2	300, o	154, s	260, o	500, o	324, o	481, s
3	313, s	146, o	273, s	503, s	334, s	463, o
4	315, o	145, s	275, o	505, o	334, o	461, s
Summe	1227, s	602, o	1068, s	2005, s	1315, s	1885, o
Mittel						
Korr.	297,	211,	208,	134,	156,	389,
korr. Mittel in m	1,524 s	0,813 o	1,276 s	2,139 s	1,471 s	2,274 o

L' = R − C

A = $L_2 - L_1$

B = $L_3 - L_1$

	F_1		F_2		F_3
1)	(2, 5 0 0)	1)	(2, 4 9 4)	1)	(2, 3 8 1)
R'_1	3,313 s	R'_2	2,139 s	R'_3	2,274 o
$-C_1$	1,524 s	$-C_2$	1,276 s	$-C_3$	1,471 s
L'_1	1,789 ss	L'_2	0,863 ss	L'_3	0,803 os
2)	(2, 5 0 0)	2)	(2, 4 9 4)	2)	(2, 3 8 1)
L_1 =	1,789	L''_2	0,863	L''_3	3,184
		3)	(4, 9 8 8)	3)	(4, 7 6 2)
		L_2 =	5,851	L_3 =	3,184
		$-L_1$	1,789	$-L_1$	1,789
		A	4,062	B	1,395
		400 A	1624,8	+ 20 B	27,90
		D'	1630,	21 B	29,29
				D''	30,

U_1 = 5,000; U_2 = 4,988; U_3 = 4,762

1) Falls C > R, addiere $U/_2$ und ändere das Beizeichen.

2) Falls L'os oder so, addiere $U/_2$.

3) Falls $L_1 > L''_2$ oder L''_3, addiere U_2 oder U_3.

Erläuterungen: Den Ablesungen der Phase 1 wird das Beizeichen s angefügt, wenn der Zeiger des Nullindikators mit der Skala des Verzögerers gleichen Drehsinn hat, das Beizeichen ist o, wenn der Zeiger entgegengesetzt läuft. L' erhält ein doppeltes Beizeichen (z. B. os) nach den Zeichen bei R' und C.

D'	1630,000	D'	1630,000	D'	1630,000
$+L_1$	1,789	$+L_2$	5,851	$+L_3$	3,184
D_1	1631,789		1635,851		1633,184
+	000,000	$-K_2$	4,065	$-K_3$	1,429
	1631,789	D_2	1631,786	D_3	1631,755

Mittel D_{123} = 1631,777

Horiz. Korr. (mm) $= -\frac{(\Delta H)^2\,(m)}{2\,D\,(km)} - \frac{12{,}5\cdot(\Delta H)^4\,(hm)}{D^3\,(km)} = -D_{123}\cdot(1-\sin Z)$

NN − Korr. (mm) $= -\frac{(H_1+H_2)\,m}{12{,}74}\,D\,(km)$ m − Korr. (mm) $= -13{,}3\cdot D\,(km)$

Erläuterung zum Formular Streckenmessung

Man vermerke zuerst oben links die allgemeinen Daten und die Zenitdistanz und beginne dann die Streckenmessung mit der Modulationsfrequenz F_1. Dazu bestimme man bei einspielendem Nullindikator den Lichtweg zum Reflektor (R-Messung) und den inneren Lichtweg (C-alibrations-Messung) durch Ablesen der Phasenverschiebung $\Delta\varphi$ am Phasenschieber. Gemessen wird in 2 Phasenlagen, wobei jede Phasenverschiebung aus 2 Richtungen abgetastet wird. Da die Bewegungsrichtung des Nullindikatorzeigers durch den wechselnden Lauf der sinusförmigen Stromkurve gesteuert wird, muß beim Ablesen des Phasenschiebers der Gleichlauf (s = same) bzw. die Gegenläufigkeit (o = opposite) des Nullindikatorzeigers mit dem Phasenverzögererknopf beobachtet und eingetragen werden. Die Beizeichen s und o definieren den Ast der Sinuskurve, an dem der Phasenvergleich stattfindet. Es folgen dann in gleicher Weise die Messungen mit den Frequenzen F_2 und F_3. Dabei werden etwaige Fehlmessungen durch Vergleich der Phasensummen 1 + 4 und 2 + 3 entdeckt. Beide Summen sollen um nicht mehr als 10 Einheiten differieren, und es dürfen alle 4 Messungen um höchstens 50 Einheiten streuen.

Die aus den Ablesungen 1—4 erhaltenen Summen verwandle man mit den jedem Instrument zugehörigen, frequenzabhängigen Eichtabellen (Zeile „Korr") in Meterwerte (m-Werte). Das „korr. Mittel in m" erhält die Beizeichen der Phase 1.

Im nächsten Abschnitt addiert man zum korr. Mittel nach den vor den F-Spalten vermerkten Regeln die Einheitsstrecken E_1, E_2, E_3, die im Formular mit U_1, U_2, U_3 bezeichnet sind. Dann erhalten R und C gleiche Beizeichen, d. h. sie beziehen sich auf denselben Ast der Sinuskurve. Nach (7) werden die $R_i - C_i = L'_i$ gebildet und daraus anhand des Formblattes die L_i abgeleitet.

Nach (8) berechnet man jetzt A und B und hat in 400 A einen Näherungswert, der die Anzahl der in der Strecke enthaltenen 100 m-Abschnitte bestimmt; D″ legt diesen Näherungswert auf volle 5 m fest. Damit ist D′ als ein ganzes Vielfaches von 5 m ermittelt. Aus D′, L_1, L_2 und L_3 gewinnt man in der letzten Abteilung mit $K_2 = D' \cdot 0{,}2\,(E_1 - E_2) = D' \cdot 0{,}0024936$ und $K_3 = D'' \cdot 0{,}2\,(E_1 - E_3) = D'' \cdot 0{,}0476192$ die gesuchten Distanzen D_1, D_2 und D_3 sowie ihr Mittel D_{123}.

Abschließend werden zu D_{123} oben rechts im Formular die Konstanten und Zentrierbeträge für Geodimeter und Reflektor sowie die atmosphärische Korrektion hinzugefügt, womit man die schräge Strecke erhält. Diese wird mit Horizontal-, NN- und m-Korrektion zur sphärischen Strecke reduziert.

wird. Hilger und Watts-London kündigen für 1966 das „Mekometer“ an, das mit konstanter Wellenlänge arbeitet und deshalb von dem wechselnden Brechungsindex der Atmosphäre unabhängig ist. Das Gerät hat die extrem hohe Modulationsfrequenz von 600 MHz und daher eine Ableseschärfe von 0,2 mm. Für längere Strecken wird ein mittl. Fehler von wenigen mm je km erwartet. Optisches Lot, Zwangszentrierung und Vertikalkreis ($\pm 1''$) lassen das Gerät als besonders geeignet für feinste Ingenieurmessungen erscheinen.

25.3 Mikrowellengeräte. Die Reichweite der elektrooptischen Entfernungsmesser ist begrenzt durch die Trübungen der Atmosphäre. Schon Seiten von 10 km können nur bei Nacht und klarer Sicht gemessen werden. Für lange Strecken benutzt man daher elektrische Wellen als Träger. Gut geeignet sind die Mikrowellen, weil sie von Dunst und Niederschlägen kaum absorbiert werden, ihre Ausbreitungseigenschaften aber dem Licht noch ähnlich sind. Bei diesen Verfahren ist außer der Hauptstation (Master) auch die Gegenstation (Remote) mit einem Gerät besetzt, an dem Abstimmungen vorgenommen und die Signale der Hauptstation verarbeitet und zurückgesandt werden.

Das älteste der Mikrowelleninstrumente, das von T. L. Wadley im Südafrikanischen Forschungsinstitut of Electrical Engineers konstruierte Tellurometer MRA 1, benutzt als Träger eine Mikrowelle mit $\lambda = 10$ cm oder $F = 3$ GHz. Die Reichweite dieses Instruments überschreitet 100 km, die unter günstigen Umständen auf wenige dm genau gemessen werden können.

In der geodätischen Praxis sind vorwiegend kürzere Strecken, diese aber mit sehr hoher Genauigkeit zu messen. Dazu benutzt man kürzere Trägerwellen. Diese werden zwar in der getrübten Atmosphäre stärker absorbiert; das kann jedoch hingenommen werden, da extreme Reichweiten selten benötigt werden. Deshalb wurden neuere Entfernungsmesser dieses Typs zuerst mit 3 cm-Trägern (10 GHz) und neuerdings auch mit 8 mm-Trägern (36 GHz) versehen.

Bei allen neueren Geräten sind die Master- und Remotefunktionen in einem Instrument vereinigt, in dem meistens auch Antenne, Reflektor, Stromversorgung (power-unit) und eine 12-Volt-Batterie untergebracht sind. Jedes Instrument kann wahlweise auf Master oder Remote geschaltet werden. Ferner sind die Modulationsfrequenzen jetzt stets so gewählt, daß von der zu messenden Distanz D nach Gleichung (6) eine Anzahl N runder Längeneinheiten E (z. B. 1 km) abgetrennt und lediglich das Reststück $L = \Delta\varphi \cdot E$ gemessen wird. Die Phasendifferenz $\Delta\varphi$ wird abgelesen als Unterbrechung einer Elektronenspur auf dem Leuchtschirm eines Braunschen Rohres, oder wenn ein Phasenschieber benutzt wird, an dessen Zählwerk oder Kreisscheibe.

Weil jedoch die Zahl N unbekannt bleibt, ist das Verfahren zunächst vieldeutig. Deshalb werden durch entsprechende Modulationsfrequenzen und deren paarweise Subtraktion mehrere Maßeinheiten E gebildet, die jeweils 10mal größer sind.

In dem bereits recht preiswerten Tellurometer Modell MRA 101 stehen z. B. 5 dezimal abgestufte Einheiten von $E_1 = 10$ m bis $E_5 = 100$ km zur Verfügung. Die für diese beobachteten Phasenwinkel setzen eine Strecke nach folgendem Schema zusammen:

Messungen	Streckenberechnung	
$\Delta\varphi_1 = 0{,}573$	$L_1 =$ 5,73 m,	da $E_1 = 10$ m,
$\Delta\varphi_2 = 0{,}156$	$L_2 =$ 15,6 m,	da $E_2 = 100$ m,
$\Delta\varphi_3 = 0{,}317$	$L_3 =$ 317 m,	da $E_3 = 1$ km,
$\Delta\varphi_4 = 0{,}632$	$L_4 =$ 6320 m,	da $E_4 = 10$ km,
$\Delta\varphi_5 = 0{,}264$	$L_5 =$ 26400 m,	da $E_5 = 100$ km
	26315,73 m	

Am besten liest man bei dieser Aufschreibung die endgültige Distanz entlang der linken Kante der Zahlentreppe ab.

L_1 wird zur Elimination der von der Trägerfrequenz abhängigen Reflexionsstörungen (swing) bei mehreren, in der Regel bei 10 unterschiedlichen Trägerfrequenzen gemessen. L_2 bis L_5 werden wohl durch zweimalige Messung gegen Irrtümer gesichert; eine häufigere Wiederholung ist aber unnötig, da jeweils die 2. und 3. Ziffer durch die 1. und 2.

Ziffer des Phasenwinkels für die nächste kleinere Einheit kontrolliert wird.

Die Meßfrequenzen werden durch Schwingquarze in Thermostaten mit hoher Genauigkeit konstant gehalten. Trotzdem müssen sie für Distanzmessungen von etwa 30 km an in regelmäßigen Abständen mit einem Frequenzprüfgerät kontrolliert, und es müssen festgestellte Abweichungen durch entsprechende Korrektur am Messungsergebnis berücksichtigt werden.

Die zur Zeit gebräuchlichsten Entfernungsmesser mit Mikrowellen sind:

Tellurometer, Südafrika 1957, Trägerwelle 10 cm, Ableseeinheit 1 Nanosekunde (entspricht 15 cm in D). Neuere Modelle mit Trägerwelle 3 cm oder 8 mm, Ableseeinheit 1 cm.

Electrotape, USA 1961
Distomat, Schweiz 1962
Distameter, Deutschland
} Sämtlich mit 3 cm-Trägern und cm- oder mm-Ablesung

25.4 Große Reichweiten bis nahezu 1000 km können erzielt werden, indem man die Strecken etwa in der Mitte in ausreichender Höhe mit einem Flugzeug überquert und dabei fortlaufend nach beiden Endpunkten mißt. Offenbar befindet das Flugzeug sich, wenn die Summe der beiden Schrägentfernungen ein Minimum ist, in der Lotebene der Strecke. Für die Reduktion in die Horizontale wird die Flughöhe barometrisch bestimmt.

Zur Durchführung solcher Messungen bedarf es weitgehend automatisierter Ausrüstungen. Besonders erfolgreich ist das amerikanische HIRAN-Verfahren (high precision ranging), das durch Weiterentwicklung aus dem Bombernavigationsgerät SHORAN (short range navigation) hervorgegangen ist.

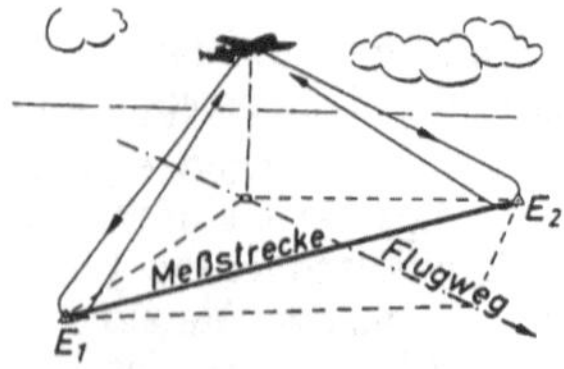

Bild 54. Linienkreuzung.

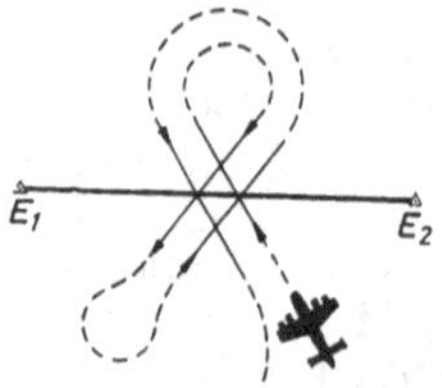

Bild 55. Achterfigur.

Eine 400 km lange Strecke, die mit Hiran zweimal bei unterschiedlichem Wetter in einem nach Bild 54 oder 55 angeordneten Flug gemessen wird, erhält man auf etwa 1:100000.

25.5 Reduktion der abgelesenen Distanzen*). Die Ausbreitungsgeschwindigkeit und die Bahn der Licht- und Mikrowellen sind abhängig vom Zustand der Atmosphäre, und zwar die Ausbreitungsgeschwindigkeit insbesondere von den Brechungsindizes n_L und n_M und die Bahnkrümmung von den Refraktionskoeffizienten k_L und k_M.

Zur Berechnung des Brechungsindex für Mikrowellen hat man die Formel von Essen und Froome

$$N_M = (n_M - 1) \cdot 10^6 = \frac{103{,}49}{T}(p - e) + \frac{86{,}26}{T}\left(1 + \frac{5748}{T}\right)e. \qquad (9)$$

Für Lichtwellen gilt die Formel von Barrel und Sears

$$n_L - 1 = \frac{n_{Gr} - 1}{1 + \alpha t} \cdot \frac{p}{760} - \frac{5{,}5 \cdot 10^{-8}}{1 + \alpha t} e; \qquad (10)$$

n_{Gr} ist der Gruppenbrechungsindex für den beim Geodimeter verwendeten Bereich des grünen Lichts. Die Differentiation von (9) und (10) führt bei Annahme eines durch

$T = 288^0\ K$ bzw. $t = 15^0$ C, $p = 755$ Torr, $e = 10$ Torr

charakterisierten Luftzustandes auf die Näherungsformeln

$$\left.\begin{aligned} d\,N_M &= dn_M \cdot 10^6 = -1{,}35\,dt + 0{,}36\,dp + 5{,}92\,de, \\ d\,N_L &= dn_L \cdot 10^6 = -1{,}00\,dt + 0{,}38\,dp - 0{,}05\,de. \end{aligned}\right\} \qquad (11)$$

Die Feuchtigkeit beeinflußt n_M also rund 120mal stärker als n_L. Der Dampfdruck muß mithin bei einer Messung mit Mikrowellen äußerst sorgfältig — etwa mit dem Aßmannschen Aspirationspsychrometer — bestimmt werden. Ein Fehler von 0,22° C des trockenen oder von 0,14° C des feuchten Thermometers oder von 3 Torr des Barometerstandes verursachen bereits einen Maßstabsfehler von 1 mm je km Strecke.

*) Höpcke, W., Die Bahnkrümmung elektromagnetischer Wellen und ihr Einfluß auf die Streckenmessung. Zeitschr. f. Verm.wesen 1964, S. 183.

Der jeweilige Refraktionskoeffizient k ist definiert durch

$$k = \frac{R}{\varrho} = \frac{\text{Strahlenkrümmung}}{\text{Erdkrümmung}} \text{ mit}$$

$$1/\varrho = -\frac{\operatorname{grad} n}{n} \cos\alpha \approx -\frac{dn}{dh}\,, \qquad (12)$$

R = Erdhalbmesser und α = Anstieg des Strahlenweges.

Als Durchschnittswerte für die ungestörte Atmosphäre gelten $k_L = 0{,}13$ und $k_M = 0{,}25$. Über feuchtem Grasland ist im Mittel in dem Bereich von 40 — 100 m

$k_M = 0{,}25$	tagsüber während des ganzen Jahres und in bedeckten Winternächten,	$k_L = 0{,}20$	tagsüber und in bedeckten Nächten während des ganzen Jahres,
$0{,}50$	nachts im Juni bis Oktober und in klaren Winternächten.	$0{,}30$	in klaren Nächten,
		$0{,}13$	tagsüber bei wolkenlosem Himmel.

Abweichungen in t, p und e von dem angenommenen Ausgangszustand machen folgende Korrektionen nötig:

a) Korrektionen wegen Ausbreitungsgeschwindigkeit. Es sei D' die am Gerät abgelesene Distanz und n_0 ein bestimmter Festwert des Brechungsindex, der der am Instrument angezeigten Entfernung zugrunde liegt; ferner sei n der für den ganzen Strahlenweg geltende Mittelwert. Für n erhält man einen Näherungswert, indem man das Mittel aus den an den beiden Enden der Strecke gemessenen meteorologischen Daten in (9), (10) oder (11) einführt. Mit der Differenz $(n_0 - n)$ berechnet man dann eine 1. Geschwindigkeitskorrektion K'. Da der Strahl aber nicht geradlinig, sondern gekrümmt verläuft, ist noch die 2. Geschwindigkeitskorrektion K'' anzubringen. Der korrigierte Wert ist dann

$$\left.\begin{aligned} D = D' + K' + K'' \text{ mit } K' &= +D'(n_0 - n) \\ \text{und } K'' &= -(k - k^2)\frac{D'^2}{12R^2}\,. \end{aligned}\right\} \qquad (13)$$

b) Geometrische Korrektionen. Der mit (13) erhaltene Wert D ist genau genug ein Kreisbogen mit dem Halbmesser ϱ zwischen den Endpunkten mit den Meereshöhen H_1 und H_2. Der Bogen ist schrittweise zu reduzieren, und zwar zunächst wegen der Bahnkrümmung mit K_1 auf die — schräge — Sehne S_1; dann wegen deren Neigung mit K_2 und wegen ihrer Meereshöhe mit K_3 auf die Sehne S_2 des auf der krummen Erdoberfläche verlaufenden Bogens D_2 und schließlich wegen der Erdkrümmung mit K_4 von S_2 auf D_2. Die endgültige Entfernung D_2 ist dann

$$\left.\begin{aligned} D_2 &= D + K_1 + K_2 + K_3 + K_4 \\ \text{mit } K_1 &= k_2 \frac{D^3}{24R^2}\,;\; K_2 = -\frac{(H_1 - H_2)^2}{2D} \\ K_3 &= -\frac{H_1 + H_2}{2R} D;\; K_4 = \frac{D^3}{24R^2}\;{}^{*)}. \end{aligned}\right\} \quad (14)$$

Als Anhalt für die Größenordnung der von k abhängigen Korrektionen gibt die nachstehende Tabelle einen Überblick über die Summe

$$K'' + K_1 + K_4 = (1 - k)^2 \frac{D^3}{24R^2} \qquad (15)$$

Streckenlänge in km

k	20	40	60	80	100
0	0,008				
0,125	0,006	0,050	0,168	0,398	0,880
0,20	0,005	0,042	0,141	0,333	0,740
0,30	0,004	0,032	0,108	0,255	0,564
0,50	0,002	0,016	0,055	0,130	0,288
1,00	0,000				

K' und K_2 können größere Werte annehmen. K' ist, wie (13) zeigt, in hohem Maße abhängig von der Luftfeuchtigkeit. K_2 verlangt, weil im Zähler $(H_1 - H_2)^2$ steht, eine genaue Bestimmung des

*) Diese geometrischen Reduktionen K_2 und K_3 sind nicht identisch mit den Rechengrößen gleicher Bezeichnung im Geodimeterformular auf S. 68.

Höhenunterschiedes, der bei Steilstrecken dm-Genauigkeit besitzen sollte. Bei K_3 werden keine besonderen Anforderungen an die Genauigkeit der Höhen gestellt.

3 Polygonometrische Punktbestimmung

Als Aufnahmerahmen für die Vermessung kleinerer Flächen nach dem Rechtwinkelverfahren und dem Einbindeverfahren diente bei den in Band I 31 gebrachten Beispielen ein aus Messungslinien gebildetes Netz. Im Hügelland, in bedecktem Gelände, bei städtischer Bebauung und vor allem, wenn die Flächen größer sind, legt man der Aufnahme ein Vielecks- oder Polygonnetz, und, wenn es sich um sehr ausgedehnte Flächen handelt, ein Dreiecks- oder Triangulierungsnetz zugrunde.

Nachstehend wird zuerst das Verfahren der Polygonierung besprochen. Doch muß dabei des öfteren bereits auf die im Abschnitt 4 dargestellte Triangulierung Bezug genommen werden, weil die Polygonierung nicht nur für sich allein zur Anwendung kommt, sondern sogar viel häufiger zur Verdichtung eines trigonometrischen Netzes zu dienen hat.

31 Anlage und Messung von Polygonnetzen

31.1 Ringpolygone und Polygonzüge. Bei einer selbständigen Vielecksmessung oder Polygonierung ist der Aufnahmerahmen ein unregelmäßiges Vieleck oder Polygon (griech. *πολύς* = viel; *γόνυ* = Knie, Ecke), in dem die Brechungswinkel auf den Polygonpunkten (Polygonwinkel) und die Strecken zwischen benachbarten Polygonpunkten (Polygonseiten) gemessen und rechtwinklige Koordinaten für die Polygonpunkte berechnet werden. Je nach der Anordnung der Polygonierung unterscheidet man Ringpolygone und Polygonzüge.

Ein *Ringpolygon* oder geschlossenes Polygon ist ein Vieleck, in dem die letzte Seite an die erste anschließt. Ein Beispiel dafür ist im Bild 56 das Polygon 1 2 3 4 5 6. Das Ringpolygon ist ein geeigneter Rahmen für die Aufnahme eines abgeschlossenen Bezirks, z. B. eines Baublocks, einer Dorflage, eines Parks u. dgl.

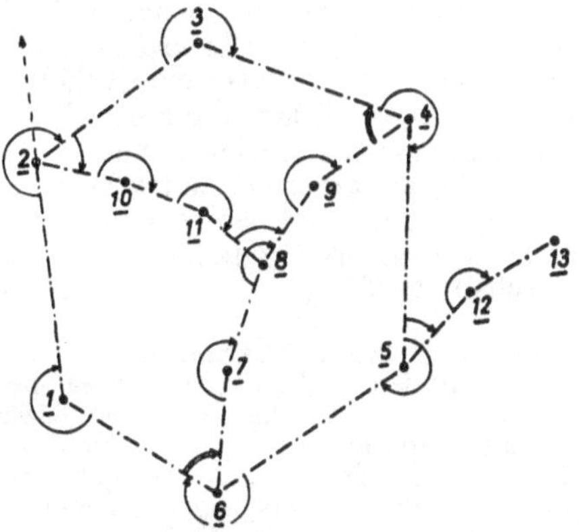

Bild 56. Polygonnetz.

Ein *Polygonzug* oder Streckenzug ist ein gebrochener Linienzug, der verschiedenartig angeordnet werden kann. Beginnt und endet ein Polygonzug, wie im Bild 56 der Zug 6 7 8 9 4, auf einem bereits vorher durch Polygonierung oder Triangulierung bestimmten festen Punkt, so ist er ein beiderseits angeschlossener Polygonzug; in ihm werden außer den Seiten und den Brechungswinkeln die im Bild 56 mit einem Doppelpfeil bezeichneten Anschlußwinkel beobachtet. Durch angeschlossene Züge werden vornehmlich die für die Einzelaufnahme erforderlichen Festpunkte im Innern eines Bezirks geschaffen.

Ein *toter Polygonzug* ist, wie im Bild 56 der Zug 5 12 13, nur einseitig angeschlossen. Solche Züge weisen eine sehr ungünstige Fehlerfortpflanzung auf [34.1]. Man kann sie aber zur Aufnahme von Innenhöfen und Sackgassen, für die Absteckung von Tunnels u. dgl. nicht entbehren.

Ein *freier Polygonzug* hat keinerlei Anschlüsse; man braucht ihn zur Absteckung von Geraden, deren Endpunkte gegenseitig nicht sichtbar sind, zur Aufnahme und Absteckung von Verkehrslinien usw.

Ein *Polygonnetz* besteht aus mehreren Polygonzügen. Damit kann praktisch jedes noch so unübersichtliche Aufnahmegebiet erschlossen werden.

Im Hinblick auf die Genauigkeit der Messung unterscheidet man die *einfache und die Feinpolygonierung.* Einfache Polygonzüge bilden die Grundlage für die Stückvermessung in ländlichen Bezirken. Feinpolygonzüge, die im Regelfall nur an trigonometrisch bestimmte Punkte [4] angeschlossen werden, benutzt man in den Innenbezirken der Großstädte, für bautechnische Feinabsteckungen und vielfach auch als Ersatz für die trigonometrische Punkteinschaltung [31.3].

Die zeichnerische Darstellung eines Polygonnetzes heißt Polygonnetzriß. In diesem werden die Polygonpunkte mit Kreisen von 2 mm ∅ und mit einer Ziffer, der Polygonpunktnummer, bezeichnet. Die Polygonseiten werden strichpunktiert dargestellt. Als Polygonwinkel gelten immer die Winkel, die links von der durch die Polygonpunktnummern gegebenen Richtung des Fortschreitens liegen. Im Ringpolygon des Bildes 56 sind es die Außenwinkel der Figur.

31.2 Auswahl der Polygonpunkte. Die Polygone folgen im allgemeinen den Verkehrswegen, Wasserläufen und Eigentumsgrenzen. Zweckmäßig legt man sie so, daß von den Polygonseiten aus möglichst viele Einzelheiten aufgenommen werden können. Für die Polygonpunkte sucht man geschützte Standorte aus, auf denen der Theodolit sich sicher aufstellen läßt und die Zielmarken auf den Nachbarpunkten dicht über dem Boden angezielt werden können. Die Polygonseiten sollen nach Möglichkeit in ebenem oder gleichmäßig geneigtem Gelände liegen. Im Hinblick auf den Arbeitsfortschritt macht man sie möglichst lang. Bei einfachen Polygonen gilt als untere Grenze 50 m, als obere je nach Geländegestaltung 200 bis 300 m. Bei Feinpolygonzügen ist man freier; doch sollen kurze und lange Seiten nicht unmittelbar aneinanderstoßen.

Alle Polygonpunkte werden sorgfältig vermarkt. In ländlichen Gebieten läßt man zwei Dränrohre oder Hohlziegel senkrecht übereinander so tief ein, daß ihre obere Kante 30 cm unter der Geländeoberfläche liegt. Jeder 3. bis 4. Polygonpunkt soll zum leichteren Wiederauffinden durch einen mit einem Kreuz versehenen Stein vermarkt werden. In kleineren Ortschaften und Vorstädten haben sich bodengleich geschlagene Gasrohre von $^1/_2$ m Länge bewährt. In Großstädten sind gußeiserne Kästen u. dgl. zweckmäßig. Polygonpunkte an gefährdeten Stellen versichere man, etwa indem man in 5 bis 10 m Entfernung vom Polygonpunkt in die anschließenden Polygonseiten Sicherungsmarken (Dränrohre, Gasrohre u. dgl.) einbringt. Unterirdische Marken werden zum Wiederauffinden in geometrische Verbindung mit benachbarten Grenzsteinen, Hausfluchten u. dgl. gebracht.

31.3 Messen der Seiten und Winkel. Die *Polygonseiten* einfacher Polygone werden in ebenem oder schwachgeneigtem Gelände mit geprüften Latten oder Bändern gemessen [Band I 23 bis 26]. Im Berg- und Hügelland setzt man, falls verfügbar, eine 2-m-Basislatte oder ein Doppelbildtachymeter ein [22; 23]. Jede Polygonseite wird zweimal — möglichst in verschiedenen Richtungen — gemessen. Bei der Feinpolygonierung nimmt man Schneidenlatten mit Neigungsmesser, Stahlbänder mit Überteilung und Spannungsmesser oder freihängende Bänder [21]; soweit Basislatten und Doppelbildtachymeter Anwendung finden, wird die Anzahl der Beobachtungen erhöht. Vor allem aber hat man Latten und Bänder sorgfältig abzugleichen und den Einfluß der Temperatur in Rechnung zu stellen.

Für die *Polygonwinkelmessung* nimmt man bei der einfachen wie bei der Feinpolygonierung einen Ingenieurtheodoliten [14.32]. Man beobachtet die Winkel einmal in jeder Fernrohrlage; dabei kann man, um Ablesefehler aufzudecken, den Limbus in der II. Fernrohrlage um 1 bis 2 Grad verstellen.

Die für die Feinpolygonierung erforderliche Genauigkeitssteigerung erreicht man in erster Linie durch genauere Zentrierung. Beim Zentrieren des Instruments und beim Einloten der Zielstäbe mit bloßem Auge kann leicht ein Zentrierfehler von 0,5 cm entstehen. Dieser verschwenkt, wenn er rechtwinklig zur Zielrichtung verläuft, nach der Formel $b : r = a : \varrho$ eine Seite von 150 m Länge um 21^{cc}.

Bild 57. Zentrierungsfehler.

Also verfälschen drei Zentrierfehler dieser Größe, wenn zufällig die im Bild 57 angenommene Fehlerhäufung eintritt, einen gestreckten Winkel um 84^{cc}. Die Auswirkungen der Zentrierfehler übersteigen daher bei weitem die Ungenauigkeiten bei der Ablesung am Instrument.

Eine spürbare Verbesserung läßt sich erzielen, wenn man ein Instrument mit starrem Lot benutzt und die Zielstäbe in Fluchtstabhaltern einlotet. Wirkliche Abhilfe aber bringt erst die Zwangszentrierung [15.2].

Dabei brauchen, wenn nicht noch nachgeordnete Polygonzüge angeschlossen werden sollen, die Dreifüße nur auf den An- und Abschlußpunkten mit dem optischen Abloter zentriert zu werden, während auf den Neupunkten das Fadenlot genügt. Denn es kommt auch bei der Feinpolygonierung nicht so sehr auf die Lage des einzelnen Punktes an, als vielmehr darauf, daß beim Austausch von Zielmarke und Instrument Zentrierungs**differenzen** und damit Zugverschwenkungen vermieden werden.

32 Grundaufgaben der ebenen Koordinatenrechnung

Um die Berechnung der Polygonpunktskoordinaten vorzubereiten, werden nachstehend einige allgemeine Grundformeln der Koordinatenrechnung abgeleitet.

32.1 Der Richtungswinkel. Ein ebenes geodätisches Koordinatensystem ist, wie bereits in Band I 32.1 gezeigt wurde, ein kartesisches xy-System, in dem der positive Ast der Abszissenachse nach Norden weist, während die Ordinaten nach Osten positiv genommen werden. Der Winkel, den eine Strecke AB mit einer Parallelen zur Abszissenachse bildet, heißt der (geodätische) Richtungswinkel der

Strecke; er wird von dem nach Norden weisenden Ast der Parallelen an im Uhrzeigersinne gezählt und mit $\alpha_{a,b}$ oder auch mit (AB) bezeichnet. Entsprechend ist $\alpha_{b,a}$ oder (BA) der Richtungswinkel der Strecke BA im Punkte B. In der Ebene ist

$$\alpha_{b,a} = \alpha_{a,b} \pm 200^g$$

oder

$$(BA) = (AB) \pm 200^g. \quad (1)$$

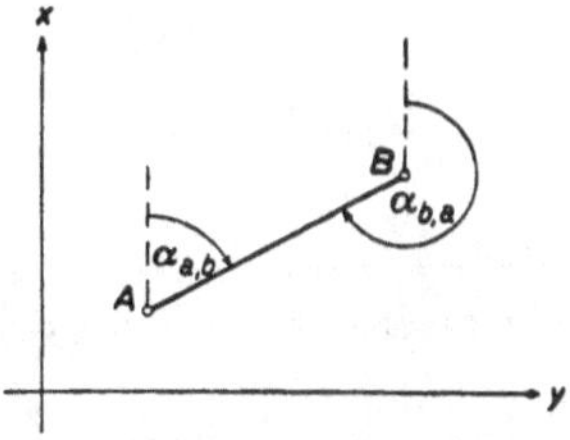

Bild 58. Richtungswinkel.

Ein Richtungswinkel kann alle Werte von 0 bis 400^g annehmen. Die Regeln zur Ermittlung der trigonometrischen Funktionen von Winkeln, die größer als 100^g sind, merkt man sich am einfachsten an einem Kreis mit dem Halbmesser 1:

a) Der Sinus eines Richtungswinkels α ist die Projektion seines freien Schenkels auf die Ordinatenachse, der Cosinus die Projektion auf die Abszissenachse. Die Vorzeichen der Funktionen ergeben sich aus den Richtungen der betroffenen Achsenabschnitte.

b) Ist φ der die vollen Rechten übersteigende Teil des Winkels α, so ist der Absolutwert von $\sin\alpha$ und $\cos\alpha$ im I. und III. Quadranten gleich dem der entsprechenden Funktion von φ, im II. und IV. Quadranten gleich dem der Cofunktion. Also ist

$\alpha =$	φ	$100^g + \varphi$	$200^g + \varphi$	$300^g + \varphi$
$\sin\alpha =$	$+\sin\varphi$	$+\cos\varphi$	$-\sin\varphi$	$-\cos\varphi$
$\cos\alpha =$	$+\cos\varphi$	$-\sin\varphi$	$-\cos\varphi$	$+\sin\varphi$

c) Die Vorzeichen und Funktionswerte von Tangens und Cotangens folgen aus tan = sin : cos, cot = cos : sin.

32.2 Rechtwinklige Koordinaten aus Strecke und Richtungswinkel (Erste Grundaufgabe). Gegeben $x_1, y_1, s, \alpha_{1,2}$; gesucht $x_2, y_2, \alpha_{2,1}$. Aus

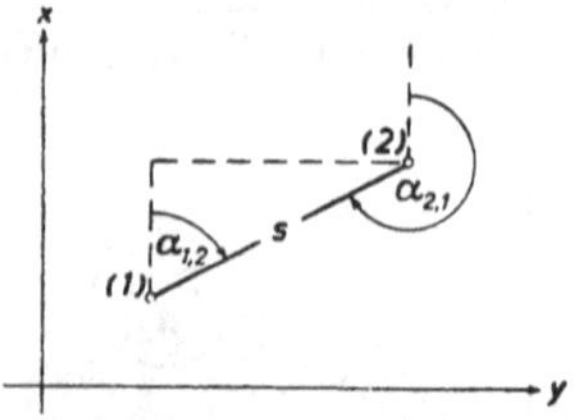

Bild 59. Koordinatenübertragung.

$$\sin\alpha_{1,2} = \frac{y_2 - y_1}{s}$$

$$\cos\alpha_{1,2} = \frac{x_2 - x_1}{s} \text{ folgt}$$

$$y_2 = y_1 + s\sin\alpha_{1,2} \qquad (2)$$

$$x_2 = x_1 + s\cos\alpha_{1,2} \qquad (3)$$

$$\alpha_{2,1} = \alpha_{1,2} \pm 200^g. \qquad (4)$$

Diese Aufgabe heißt auch „Übertragung der Koordinaten des Punktes (1) nach (2)" oder „Polares Anhängen des Punktes (2) an (1)".

Zahlenbeispiel:

Gegeben: $y_1, x_1,\ s = 135{,}25$ m und $\alpha_{1,2} = 32{,}9645^g$

$\sin\alpha_{1,2} =$	+ 0,49497	$\cos\alpha_{1,2} =$	+ 0,86891
$s\sin\alpha_{1,2} =$	+ 66,95 m	$s\cos\alpha_{1,2} =$	+ 117,52 m
$y_1 =$	713,64 m	$x_1 =$	496,72 m
$y_2 =$	780,59 m	$x_2 =$	614,24 m

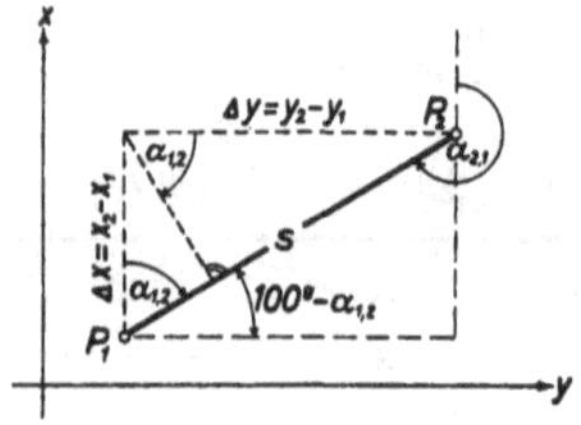

Bild 60. Strecke und Richtungswinkel

32.3 Strecke und Richtungswinkel aus rechtwinkligen Koordinaten (Zweite Grundaufgabe). Gegeben x_1, y_1, x_2, y_2; gesucht $\alpha_{1,2}, \alpha_{2,1}, s$.

Mit Bild 60 berechnet man $\alpha_{1,2}$ und s (mit Probe) aus

$$\tan\alpha_{1,2} = \frac{y_2 - y_1}{x_2 - x_1} \quad (5); \qquad s = \frac{y_2 - y_1}{\sin\alpha_{1,2}} = \frac{x_2 - x_1}{\cos\alpha_{1,2}}. \quad (6)$$

Da s stets positiv ist, haben in (6) einerseits $\sin \alpha_{1,2}$ und $y_2 - y_1$, andererseits $\cos \alpha_{1,2}$ und $x_2 - x_1$ gleiche Vorzeichen. Also liegt das nach (5) berechnete α in den Fällen

$\frac{+}{+}$ im I., $\frac{+}{-}$ im II., $\frac{-}{-}$ im III., $\frac{-}{+}$ im IV. Quadranten.

Wird $y_2 - y_1 = \Delta y$ und $x_2 - x_1 = \Delta x$ gesetzt, so folgt aus (6) der genauere Wert für s im Falle $\Delta y > \Delta x$ aus dem ersten, im Falle $\Delta y < \Delta x$ aus dem zweiten Bruch. Den schärfsten Wert liefert

$$s = \Delta y \sin \alpha_{1,2} + \Delta x \cos \alpha_{1,2}. \quad (7)$$

Zur Verprobung von α berechnet man den Winkel $(50^g + \alpha)$ nach der aus dem Additionstheorem folgenden Formel

$$\tan (50^g + \alpha) = \frac{1 + \tan \alpha}{1 - \tan \alpha} = \frac{1 + \Delta y / \Delta x}{1 - \Delta y / \Delta x} = \frac{\Delta x + \Delta y}{\Delta x - \Delta y}. \quad (8)$$

In (5) bis (8) sind Δx und Δy nicht geprüft. Beim Maschinenrechnen benutze man daher anstelle von (5) bis (8) folgenden Weg: Es seien unter E-, U- und R-Werk Einstellwerk, Umdrehungszählwerk und Resultatwerk verstanden. Dann berechnet man

$$\tan \alpha = \frac{y_2 - y_1}{\Delta x} \quad \text{und} \quad \tan (100^g - \alpha) = \frac{x_2 - x_1}{\Delta y} \quad (9)$$

folgendermaßen: Zunächst y_1 ins R-Werk, Δx ins E-Werk bringen, und y_1 in y_2 umkurbeln; dann erscheint im U-Werk $\tan \alpha$. Alsdann x_1 ins R-Werk, Δy ins E-Werk bringen und x_1 in x_2 umkurbeln; dann erscheint im U-Werk $\tan (100^g - \alpha)$, mit der Probe, daß $\alpha + (100^g - \alpha) = 100^g$ sein muß. s wird nach (7) und zur Probe nach (6) berechnet.

Zahlenbeispiel zu (5) und (6):

Gegeben:		
	$y_2 =$ 795,17	$x_2 =$ 525,10
	$y_1 =$ 528,15	$x_1 =$ 407,65
	$\Delta y = +$ 267,02	$\Delta x = +$ 117,45
	$\tan \alpha =$ 2,27348	$\alpha = 73{,}6194^g$

$$s = \frac{+\,267{,}02}{0.91536} = \frac{+\,117{,}45}{0{,}40263} = 291{,}71 \text{ m}.$$

33 Berechnung der Polygone

33.1 Berechnung eines Ringpolygons. Das Ringpolygon 1 2 3 4 5 6 des Bildes 56, in dem alle Seiten und Winkel gemessen sind, habe keinerlei Anschlüsse an ein festes Koordinatensystem. Man führt daher ein örtliches System ein, in dem man etwa als Abszissenachse die Polygonseite 1-2 und als Koordinatenanfangspunkt den Punkt 1 wählt. Doch setze man, um negative Abszissen zu vermeiden, $x_1 = 500$ m.

Wenn man das Ringpolygon mit Maßstab und Transporteur aufträgt, erkennt man, daß zur eindeutigen Bestimmung der Figur auf die Beobachtung der Winkel auf 6 und 1, sowie auf die Messung der Seite 6—1 hätte verzichtet werden können. Als Folge der 3 überschüssigen Messungen und der Messungsungenauigkeiten werden also im Zuge der Rechnung 3 Abschlußfehler (richtiger Widersprüche) auftreten. Um diese zu erkennen und zu beseitigen, wird die Rechnung schrittweise durchgeführt.

1. Schritt: Die Summe der Außenwinkel eines n-Ecks beträgt $(n + 2) \cdot 200^g$. Diesen Betrag sollte auch die Summe der beobachteten Brechungswinkel β_i ergeben. Um das zu prüfen, trägt man die β_i in Sp. 2 des Formblattes auf S. 86 ein, addiert sie auf und stellt die Summe dem Sollbetrag gegenüber; die Differenz ist der Winkelabschlußfehler

$$f_\beta = (n + 2) \cdot 200^g - [\beta]. \qquad (1)$$

Falls f_β die erfahrungsgemäß leicht innezuhaltende Grenze $2^c \sqrt{n}$ nicht übersteigt, wird f_β im Sinne einer Verbesserung gleichmäßig auf alle Brechungswinkel verteilt.

2. Schritt: Man bildet in Sp. 2 aus dem Richtungswinkel α_i einer gegebenen Polygonseite den Richtungswinkel α_{i+1} der nächsten, indem man zu α_i den auf P_{i+1} beobachteten und im ersten Schritt verbesserten Brechungswinkel β_{i+1}, verändert um $\pm$ 200^g hinzuzählt. Dabei ergibt sich die Probe, daß nach der letzten Addition der Sollrichtungswinkel der ersten Seite fehlerfrei herauskommen muß. In unserem Fall ist der vorgegebene Richtungswinkel der Seite 1—2 gleich Null. Man erhält also nacheinander

$$\begin{aligned} \alpha_{1,2} &= 0 \\ \alpha_{2,3} &= \alpha_{1,2} + \beta_2 \pm 200^g \\ \alpha_{3,4} &= \alpha_{2,3} + \beta_3 \pm 200^g \\ \ldots & \quad \ldots \quad . \quad \ldots . \end{aligned} \tag{2}$$

Probe: $\alpha_{1,2} = \alpha_{6,1} + \beta_1 \pm 200^g = 0.$

3. Schritt: Mit diesen Richtungswinkeln und den beobachteten Seiten wird der Zug vorläufig durchgerechnet. Man trägt die beobachteten Seiten s_i in Sp. 3 ein, vermerkt in Sp. 3 die Sinus und Cosinus der zugehörigen Richtungswinkel, bildet in Sp. 4 und 5 nach 32.2 die vorläufigen Ordinaten- und Abszissenunterschiede $s \sin \alpha$ und $s \cos \alpha$ und addiert sie auf. Bei fehlerfreier Messung müßte jede der beiden Summen Null ergeben. Statt dessen erhält man die Koordinatenabschlußfehler

$$f_y = 0 - [s \sin \alpha]; \quad f_x = 0 - [s \cos \alpha] \tag{3}$$

und bildet damit den Streckenabschlußfehler

$$f_s = \sqrt{f_x^2 + f_y^2}\,. \tag{4}$$

Wenn dieser rund zwei Drittel der nach Band I 26.2 für die Gesamtlänge $[s]$ des Zuges zugelassenen Fehlergrenze nicht übersteigt, verteilt man f_x und f_y mit Hilfe des Rechenschiebers im Verhältnis s_i: $[s]$ auf die den s_i entsprechenden Koordinatenunterschiede und vermerkt die Verbesserungen über den Zahlenwerten von $s \sin \alpha$ und $s \cos \alpha$.

Da beim Bilden von $s \sin \alpha$ und $s \cos \alpha$ leicht Rechenfehler unterlaufen, kontrolliert man sie zweckmäßig durch eine unabhängige zweite Rechnung. Diese kann man z. B. stützen auf die Formeln*)

$$\begin{aligned} s \sin \alpha &= s/\sqrt{2}\,\{\sin(R/2 + \alpha) - \cos(R/2 + \alpha)\} \\ s \cos \alpha &= s/\sqrt{2}\,\{\sin(R/2 + \alpha) + \cos(R/2 + \alpha)\}\,. \end{aligned} \tag{5}$$

*) Hierzu und wegen sonstiger Kontrollen vgl. z. B. Ziff. 3 des Lit.-Verz. S. 61.

Berechnung eines Ringpolygons

Pkt.	β				y	x
	α	$\sin\alpha$ s $\cos\alpha$	$s \sin\alpha$	$s \cos\alpha$	Δy	Δx
1	2	3	4	5	6	7
1	g		m	m	0,00	500,00
		0,0000	+4	−3		
	0,0000	*294,13*	0,00	+294,13	+ 0,04	+294,10
	+4	+1,0000				
2	*268,0269*				0,04	794,10
		+0,8765	+4	−3		
	68,0273	*255,25*	+223,73	+122,88	+223,77	+122,85
	+4	+0,4814				
3	*261,9111*				223,81	916,95
		+0,8914	+4	−3		
	129,9388	*271,84*	+242,32	−123,17	+242,36	−123,20
	+4	−0,4531				
4	*278,1518*				466,17	793,75
		−0,1268	+5	−4		
	208,0910	*308,14*	− 39,07	−305,64	− 39,02	−305,68
	+4	−0,9919				
5	*260,1032*				427,15	488,07
		−0,8778	+4	−3		
	268,1946	*282,51*	−247,99	−135,35	−247,95	−135,38
	+4	−0,4791				
6	*275,6066*				179,20	352,69
		−0,7725	+4	−3		
	343,8016	*232,03*	−179,24	+147,34	−179,20	+147,31
	+4	+0,6350				
1	*256,1980*				0,00	500,00
		Ist=	− 0,25	+ 0,19	0,00	0,00
2	0,0000	Soll=	0,00	0,00		
Ist =	399,9976	f_y=	+ 0,25	− 0,19	$=f_x; f_s=$	0,31
f_β=	+0,0024					

4. Schritt. Nachdem in der 1. Zeile der Sp. 6 und 7 die Ordinate und die Abszisse des Zuganfangspunktes vermerkt sind, werden in der 2., 4., 6. . . Zeile die im 3. Schritt verbesserten Koordinatenunterschiede

$$\begin{aligned} \Delta y_{ik} &= s_{ik} \sin \alpha_{ik} + \frac{f_y}{[s]} s_{ik} \\ \Delta x_{ik} &= s_{ik} \cos \alpha_{ik} + \frac{f_x}{[s]} s_{ik} \end{aligned} \qquad (6)$$

eingetragen und ausgehend von der 1. Zeile von Punkt zu Punkt aufaddiert; dann erscheinen in der 3., 5., 7. . . Zeile die Koordinaten der Polygonpunkte, wobei die Rechenprobe besteht, daß nach dem Hinzufügen der letzten Koordinatenunterschiede genau die Sollkoordinaten des Anfangspunktes herauskommen müssen.

Zahlenbeispiel: Beobachtet sind die auf S. 86 kursiv eingetragenen Seiten und Winkel s_i und β_i des Ringpolygons in Bild 56.

33.2 Beiderseits angeschlossene Polygonzüge. Als Beispiel werde der in Bild 56 dargestellte Polygonzug 6 7 8 9 4 berechnet. Zu seiner Bestimmung sind neben den 4 Polygonseiten und den Brechungswinkeln auf 7, 8 und 9 die bei 6 und 4 durch Doppelpfeil bezeichneten Anschlußwinkel beobachtet worden. Zur eindeutigen Festlegung der Punkte hätten bei fehlerfreier Messung die Winkel in 6, 7 und 8 und die Seiten 6—7, 7—8 und 8—9 genügt. Mit dem Messen der Seite 9—4 und der Winkel auf 9 und 4 sind also 3 überschüssige Beobachtungen gemacht, die wie beim Ringpolygon einen Winkelabschlußfehler und zwei Koordinatenabschlußfehler zur Folge haben.

Um zu einer allgemeineren Darstellung zu kommen, ist in Bild 61 der Zug 6 7 8 9 4 — zur Platzersparnis etwas verschwenkt — neu gezeichnet und durchlaufend numeriert, wobei die Anschlußseite am Anfang des Zuges mit AB und die am Ende mit EF bezeichnet worden ist. Von A, B, E und F wird lediglich vorausgesetzt, daß sie koordinierte Punkte sind; vgl. den Zusatz auf S. 90.

Um die Durchrechnung des Polygonzuges vorzubereiten, vermerkt man in Spalte 1 des Zahlenbeispiels S. 89 in der dort angegebenen Weise die Punktbezeichnungen B, A, 1,

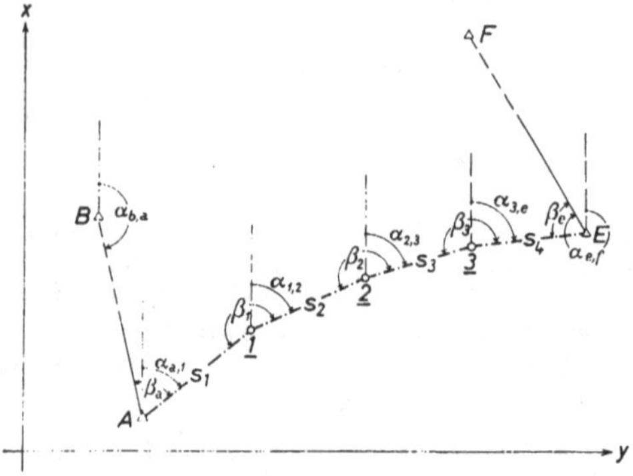

Bild 61. Polygonzug.

2, 3, E und F, die identisch sind mit den Punkten 1, 6, 7, 8, 9, 4 und 3 des Bildes 56. Alsdann werden nach 32.3 aus den Koordinaten von B und A bzw. E und F die Richtungswinkel $\alpha_{b,a}$ und $\alpha_{e,f}$ errechnet. Damit verläuft die Rechnung folgendermaßen:

1. Schritt: In Sp. 2 trägt man in die zweite Zeile den Richtungswinkel $\alpha_{b,a}$ und in Höhe der Punktbezeichnungen die zugehörigen Brechungswinkel β_i ein und addiert alle Eintragungen in dieser Spalte auf. Die Summe $\alpha_{b,a} + [\beta]$ sollte bis auf ein Vielfaches von 400^g gleich dem errechneten Richtungswinkel $\alpha_{e,f}$ sein. Infolge der Messungsungenauigkeiten erhält man jedoch den Winkelabschlußfehler

$$f_\beta = (\alpha_{e,f} - \alpha_{b,a}) - [\beta] \pm n \cdot 200^g,$$

der, falls $f_\beta < 2^c \sqrt{n}$ ist, zu gleichen Teilen auf die Brechungswinkel von A bis E verteilt wird.

Berechnung eines beiderseitig angeschlossenen Polygonzugs

Pkt.	β				y	x
	α	$\sin\alpha$ s $\cos\alpha$	$s\sin\alpha$	$s\cos\alpha$	Δy	Δx
1	2	3	4	5	6	7
B	g		m	m	0,00	500,00
	143,8016					
	−12					
A	*71,1530*				179,20	352,69
		+0,2327	−3	−1		
	14,9534	*148,11*	+ 34,47	+144,04	+ 34,44	+144,03
	−12	+0,9725				
1	*218,0123*				213,64	496,72
		+0,4950	−2			
	32,9645	*135,25*	+ 66,95	+117,52	+ 66,93	+117,52
	−12	+0,8689				
2	*211,5327*				280,57	614,24
		+0,6434	−2			
	44,4960	*121,17*	+ 77,96	+ 92,76	+ 77,94	+ 92,76
	−12	+0,7655				
3	*212,3319*				358,51	707,00
		+0,7787	−2	−1		
	56,8267	*138,28*	+107,68	+ 86,76	+107,66	+ 86,75
	−12	+0,6274				
E	*73,1133*				466,17	793,75
	329,9388					
F					223,81	916,95
Ist =	186,1432		+287,06	+441,08	+286,97	+441,06
Soll =	186,1372		+286,97	+441,06		
f_β =	−0,0060	f_y =	− 0,09	− 0,02	$= f_x; f_s =$	0,09

2. *Schritt*: Zur Berechnung der Richtungswinkel werden von Punkt zu Punkt fortschreitend zu dem in der 2. Zeile stehenden Wert von $\alpha_{b,a}$ die verbesserten Brechungswinkel $\beta_i \pm 200^g$ folgendermaßen hinzugezählt:

$$\alpha_{a,1} = \alpha_{b,a} + \beta_a \pm 200^g$$
$$\alpha_{1,2} = \alpha_{a,1} + \beta_1 \pm 200^g$$
$$\ldots \quad \ldots \quad \ldots \quad \ldots$$

Probe: $$\alpha_{e,f} = \alpha_{3,e} + \beta_e \pm 200^g.$$

3. Schritt: Nachdem in Sp. 3 die Polygonseiten (kursiv) und darüber und darunter die Sinus und Cosinus der Richtungswinkel eingetragen sind, werden in Sp. 4 und Sp. 5 die vorläufigen Ordinaten- und Abszissenunterschiede $s \sin \alpha$ und $s \cos \alpha$ berechnet und aufaddiert. Dann werden die Koordinatenabschlußfehler

$$f_y = (y_e - y_a) - [s \sin \alpha]; \quad f_x = (x_e - x_a) - [s \cos \alpha]$$

gebildet und, sofern die in 33.1 bzw. 34.2 angegebenen Fehlergrenzen innegehalten sind, proportional den s_i auf die Δy_i und Δx_i verteilt.

4. Schritt: Ausgehend von y_a und x_a werden schließlich in Sp. 6 und 7 durch schrittweises Aufaddieren der verbesserten Koordinatenunterschiede die Koordinaten der Polygonpunkte erhalten, wobei nach Hinzuzählen der letzten Koordinatenunterschiede die Werte y_e und x_e herauskommen müssen.

Zusatz: Die Polygonzüge spielen in der Praxis eine sehr viel größere Rolle als die Ringpolygone. Die Anschlußpunkte sind dann allerdings meistens nicht wie im Falle unseres Bildes 56 durch Polygonieren, sondern durch Triangulieren [4] bestimmt. Auf die Messung und Rechnung der Züge hat das jedoch keinen Einfluß. Die Vermessungsverwaltungen bezeichnen Polygonzüge mit trigonometrisch bestimmten Anschlüssen als Hauptzüge und die mit polygonometrischen Anschlüssen als Nebenzüge. Wegen der Fehlergrenzen der Vermessungsverwaltungen vgl. 34.2.

33.3 **Einseitig angeschlossene und freie Polygonzüge.** Bei einem *einseitig angeschlossenen Polygonzug* (Bild 56, Zug 5, 12, 13) wird am Anfangspunkt ein Richtungsanschluß beobachtet. Mit diesem kann der einseitig angeschlossene Zug ebenso gerechnet werden wie der beiderseits angeschlossene Zug; nur treten keine Abschlußfehler auf. Damit entfällt aber auch die durch die Abschlußfehler bewirkte Verprobung von Messung und Rechnung. Man wende also bei der Messung, besonders bei der Zentrierung, und bei der Rechnung doppelte Sorgfalt an [34.1].

Bei einem *freien Polygonzug* wählt man eine passende Polygonseite als Abszissenachse und rechnet im übrigen den Zug ebenso wie einen einseitig angeschlossenen Zug.

Der *Einrechnungszug* ist ein Polygonzug, bei dem zwar beiderseits Koordinatenanschlüsse vorhanden, jedoch keine Anschlußwinkel beobachtet sind. In solchen Fällen wird der Zug zunächst als freier Zug berechnet und dann durch Koordinatentransformation über die beiden Anschlußpunkte in das für die Anschlußpunkte maßgebliche System umgeformt [49].

33.4 Auffinden grober Beobachtungsfehler. In geschlossenen Polygonen oder beiderseits angeschlossenen Polygonzügen werden grobe Winkelfehler sich im Winkelabschlußfehler, grobe Streckenfehler in den Koordinatenabschlußfehlern zeigen. In beiden Fällen ist es oftmals möglich, den Ort der Fehler durch Rechnung zu finden.

Um einen *groben Winkelfehler* zu finden, hat man den Zug, ohne den Abschlußfehler zu verteilen, zuerst vorwärts von A aus, dann rückwärts von E aus zu berechnen oder in einer großmaßstäbigen Karte mit Maßstab und Transporteur aufzutragen. Der Punkt, in dem der vorwärts- und der rückwärtsgerechnete Zug einander schneiden, ist, falls nur ein Winkel unrichtig ist, der Ort, auf dem der Winkel nachzumessen ist.

Bild 62. Grober Winkelfehler.

Wenn ein *grober Streckenfehler* unterlaufen ist, wird der Zugteil, der auf die Fehlerstelle folgt, in der Richtung der fehlerhaften Seite um den Fehlerbetrag verschoben, was einen Streckenabschlußfehler f_s entsprechender Größe zur Folge hat [33.1 (4)]. Man untersucht dann zunächst, ob f_s

nahezu gleich einem runden Maß, etwa 5 m bzw. 20 m ist. Alsdann prüft man, ob der Richtungswinkel des Abschlußfehlers ungefähr dem einer Polygonseite entspricht. Ist das der Fall, so wird der Fehler bei der Messung dieser Seite unterlaufen sein und damit durch Nachmessung dieser Seite beseitigt werden können. Das Kriterium versagt, wenn mehrere Strecken nahezu gleiche Richtungswinkel aufweisen.

34 Die Genauigkeit der Polygonierung

Die Untersuchungen in 34 bis 36 beziehen sich in der Hauptsache auf beiderseits angeschlossene Polygonzüge, bei denen die Anschlußpunkte auf trigonometrischem Wege bestimmt sind.

34.1 Die Fehlertheorie des gestreckten Zuges*). Die Auswirkungen der Messungsungenauigkeiten sind beim Polygonzug schwer zu verfolgen, weil zahlreichen verschieden gearteten Messungselementen nur 3 überschüssige Beobachtungen gegenüberstehen. Zweckmäßig faßt man zunächst nur gestreckte Züge ins Auge, weil bei ihnen die Fehler der Längenmessung sich hauptsächlich in der Längsrichtung des Zuges, die der Winkelmessung in der Querrichtung bemerkbar machen.

Als Grundlage für diese Untersuchung berechnet man aus dem Koordinatenabschlußfehler die (wahre) Längsverfehlung f_l und die (wahre) Querverfehlung f_q entweder nach den anhand des Bildes 63 abgeleiteten Formeln,

$$f_l = \frac{f_y\,[s \sin\alpha] + f_x\,[s \cos\alpha]}{\sqrt{[s \sin\alpha]^2 + [s \cos\alpha]^2}}\,;\; f_q = \frac{f_y\,[s \cos\alpha] - f_x\,[s \sin\alpha]}{\sqrt{[s \sin\alpha]^2 + [s \cos\alpha]^2}}\,, \quad (1)$$

in denen die eckigen Klammern Summenzeichen sind. Oder man ermittelt sie graphisch. Dazu trägt man in einer Karte (etwa 1:5000) von A aus $[s \sin\alpha]$ und $[s \cos\alpha]$ auf und erhält damit E'. Von E' aus werden f_x und f_y in 1:5 oder 1:10 abgetragen. Den so gefundenen Punkt E projiziert man auf die Gerade AE' oder ihre Verlängerung und kann dann f_l und f_q in dem vergrößerten Maßstab abgreifen.

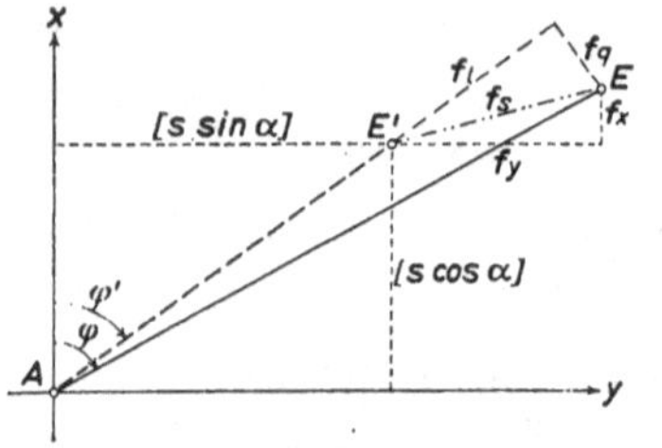

Bild 63. Längs- und Querverfehlung.

*) Vgl. Ziff. 9a des Lit.-Verz. § 94.

In der *Längsverfehlung* kommen in erster Linie die regelmäßigen und die unregelmäßigen Fehleranteile der Streckenmessung zum Ausdruck. Die regelmäßigen Fehleranteile sind den Längen der Seiten proportional, und zweifelsohne müssen die in den Abschlußfehlern enthaltenen regelmäßigen Fehleranteile proportional verteilt werden. Die unregelmäßigen Fehleranteile wachsen nach Band I 14(11) zwar mit der Wurzel aus der Strecke; falls aber, wie hier, die Endpunkte festliegen, müssen, wie eine strenge Ausgleichung ergibt, auch die unregelmäßigen Fehleranteile proportional den Strecken verteilt werden. Also gelten für die Verteilung der regelmäßigen und unregelmäßigen Fehleranteile der Längenmessung dieselben Grundsätze, womit sich eine Trennung dieser Anteile erübrigt.

Mithin entspricht die in 33.2 3. Schritt vorgenommene Verteilung der Koordinatenabschlußfehler proportional den Längen der Polygonseiten, sofern alle Polygonseiten mit denselben Meßwerkzeugen gemessen sind, bezüglich der Fehler der Streckenmessung der Theorie.

Die *Querverfehlung* ist bei gestreckten Zügen vor allem auf die Ungenauigkeiten bei der Winkelbeobachtung zurückzuführen. Um dies verfolgen zu können, betrachte man zunächst einen gestreckten Polygonzug, der nur einseitig angeschlossen ist. Ein fehlerhafter Winkel verschwenkt in diesem Fall den gesamten darauffolgenden Restteil des Zuges. Infolgedessen sind Beobachtungsungenauigkeiten im Anfang eines Zuges besonders schädlich, während sie an einem Ende nur noch wenig Einfluß haben.

Bei beiderseitigem Anschluß — also im Regelfall — wird der Winkelabschlußfehler vorweg gleichmäßig auf die beobachteten Winkel verteilt. Der Zug wird also zunächst so gerechnet, als wenn wohl ein Richtungsabschluß, aber kein Koordinatenabschluß vorhanden wäre. Auf Grund fehlertheoretischer Untersuchungen hat man dann am Ende eines gestreckten Zuges mit gleich langen Seiten eine mittlere Querverfehlung m_q zu erwarten, die, wenn m der mittlere Fehler und n die Anzahl der Brechungswinkel ist, sich errechnet aus

$$m_q = [s] \frac{m}{\varrho} \sqrt{\frac{n(n+1)}{12(n-1)}} \,. \tag{2}$$

Dieser Ausdruck liefert die theoretische Grundlage zur Festsetzung einer Fehlergrenze für die Querverfehlung [34. 2].

Durch die Verteilung der Koordinatenabschlußfehler gemäß 33. 2 wird neben der Längsverfehlung auch die Querverfehlung zum Verschwinden gebracht. Die dann in der Mitte des Zuges noch verbleibende mittlere Lageunsicherheit quer zur Zugrichtung beträgt überschlägig

$$m_{qm} = [s] \frac{m}{\varrho} \sqrt{\frac{n}{192}} . \tag{3}$$

Das ist in Zahlen rund ein Viertel des aus (2) folgenden Betrages. Das in 33.2 gelehrte einfache Verfahren der Fehlerverteilung befindet sich also auch im Hinblick auf die Querverfehlung in hinreichender Übereinstimmung mit der Fehlertheorie. Die Ergebnisse werden allerdings um so unsicherer, je mehr der Zug von der Idealform des gestreckten Zuges mit gleich langen Seiten abweicht und je größer die Abschlußfehler sind.

34.2 Die amtlichen Fehlergrenzen. Für die Genauigkeit von Polygonzügen, bei denen die Seiten mit Latten oder Bändern und die Winkel mit Ingenieurtheodoliten ohne Zusatzeinrichtungen gemessen sind, haben die Vermessungsverwaltungen Fehlergrenzen aufgestellt. Die Fehlergrenzen entsprechen, wie in Band I 14.9 begründet ist, etwa dem Dreifachen des bei gewöhnlichen Feldmessungen zu erwartenden mittleren Fehlers; sie sollten daher im allgemeinen nur zu einem Drittel in Anspruch genommen werden.

Bei der Streckenmessung unterscheidet man günstige, mittlere und ungünstige Verhältnisse. Diese Unterschiede haben bei der Streckenmessung mit den in Abschnitt 2 beschriebenen Geräten nur noch geringe Bedeutung, so daß im Regelfall die Formeln für günstige Verhältnisse angehalten werden können. Im Hinblick auf die Winkelmessung unterscheidet man Hauptpolygonzüge (Anschluß an trigonometrische Punkte) und Nebenpolygonzüge (Anschluß an Polygonpunkte). Als Kriterium für die Güte eines Polygonzuges benutzt man anstelle des Streckenabschlußfehlers [33.1 (4)] besser die Längs- und die Querverfehlung. Die amtlichen Fehlergrenzen lauten:

Polygonseitenmessung. Die zulässige Abweichung zweier Längenbestimmungen ist bei günstigen Verhältnissen in Metern

$$d = 0{,}004 \sqrt{s} + 0{,}00030 s + 0{,}02 .$$

Polygonwinkelmessung. Die obere Grenze des Winkelschlußfehlers ist bei n Brechungswinkeln in Haupt- und Nebenzügen

$$f_H = 2^c \sqrt{n} \; ; \quad f_N = 2^c \sqrt{n} + 2^c .$$

Längs- und Querverfehlung. Für die in 34.1 eingeführte Längsverfehlung gilt als zulässiger Grenzfehler Δ_l in Metern

$$\Delta_l = 0{,}002\sqrt{[s]} + 0{,}0003\,[s] + 0{,}05\,.$$

Bei der Berechnung des zulässigen Grenzfehlers Δ_q für die Querverfehlung ist davon ausgegangen worden, daß nach den langjährigen Erfahrungen der Vermessungsverwaltungen der mittlere Fehler eines ohne besondere Zentrierungseinrichtungen beobachteten Polygonwinkels $\pm$ 20″ beträgt. Wird das Dreifache des Betrages in Neugrad, also $1{,}85^c$, in die in 34.1 gegebene Formel für m_q eingeführt, so erhält man für Δ_q in Metern

$$\Delta_q = w[s] + 0{,}05, \text{ wobei } w = \frac{1{,}85^c}{\varrho^c}\sqrt{\frac{n(n+1)}{12(n-1)}} \text{ ist,}$$

und der Zahlenwert von w sich ergibt aus

$n =$	2	4	6	8	10	15	20
$1000w =$	0,21	0,22	0,24	0,27	0,29	0,35	0,39

Die Fehlergrenzen für die Nebenpolygonzüge sind rund 10% weiter. In Feinpolygonzügen läßt sich, wenn die Anschlußpunkte einwandfrei sind, leicht mit einem Drittel der Beträge auskommen. Bei technischen Projekten hat die Messungs- und Rechengenauigkeit sich nach dem Zweck der Arbeit zu richten.

35 Sonderfälle der Polygonierung

35.1 Anschluß an unzugängliche Punkte. Der Anfangspunkt A eines Polygonzuges sei unzugänglich, so daß der Anschlußwinkel $BA1$ in A und die Polygonseite A—1 nicht gemessen werden können. Man hilft sich, indem man die Koordinaten des Punktes A auf den Polygonpunkt 1 überträgt. Diese Aufgabe

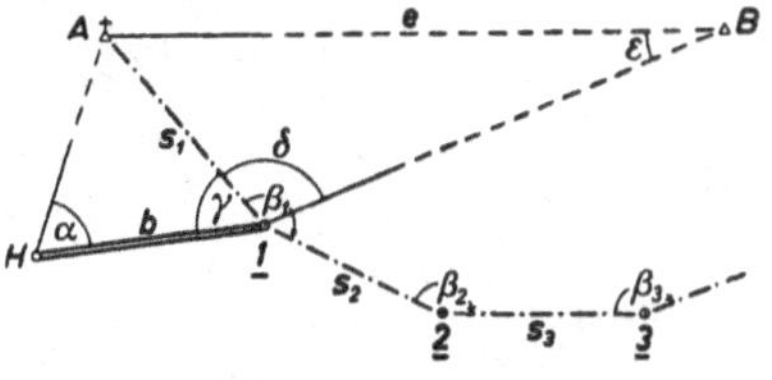

Bild 64. Unzugänglicher Anschlußpunkt.

wird, wenn der unzugängliche Punkt A ein Hochpunkt ist, als *Herablegen* bezeichnet. Zur Lösung der Aufgabe wählt man einen Hilfspunkt H, mißt die Hilfsbasis b, beobachtet auf H den Winkel α und auf Punkt 1 die Richtungen nach H, A, B und 2, aus denen man die Winkel β_1, γ und δ ableitet. Mit diesen Messungen errechnet man zunächst die Strecke s_1 aus

$$s_1 = b \frac{\sin \alpha}{\sin (\alpha + \gamma)} . \tag{1}$$

Dann bestimmt man, nachdem man nach 32.3 aus den Koordinaten von A und B die Strecke e und den Richtungswinkel $\alpha_{a,b}$ abgeleitet hat, den Winkel ε bei B aus

$$\sin \varepsilon = \frac{s_1}{e} \sin \delta \tag{2}$$

und erhält den Richtungswinkel $\alpha_{a,1}$ aus

$$\alpha_{a,1} = \alpha_{a,b} - (\delta + \varepsilon) \pm 200^g . \tag{3}$$

Gemäß 32.2 findet man schließlich

$$y_1 = y_a + s_1 \sin \alpha_{a,1}; \quad x_1 = x_a + s_1 \cos \alpha_{a,1} . \tag{4}$$

Als Probe kann man die Koordinaten des Punktes 1 aus einem zweiten Hilfsdreieck ermitteln.

35.2 Ausschalten kurzer Seiten. Kurze Seiten beeinflussen die Winkelmessung sehr ungünstig, weil der Einfluß der gefährlichen Zentrierfehler mit abnehmender Seitenlänge wächst. Um im Bild 65 die kurze Seite 2—3 auszuschalten, beobachtet man daher, wenn die Sicht vorhanden ist, auf den Punkten 2 und 5 außer den Richtungen nach den Nachbarpunkten auch die Richtungen nach 5 bzw. 2. Häuslich ermittelt man aus dem Zugteil 2 3 4 5 die Länge der Hilfsseite 2—5 und rechnet dann zuerst den Zug

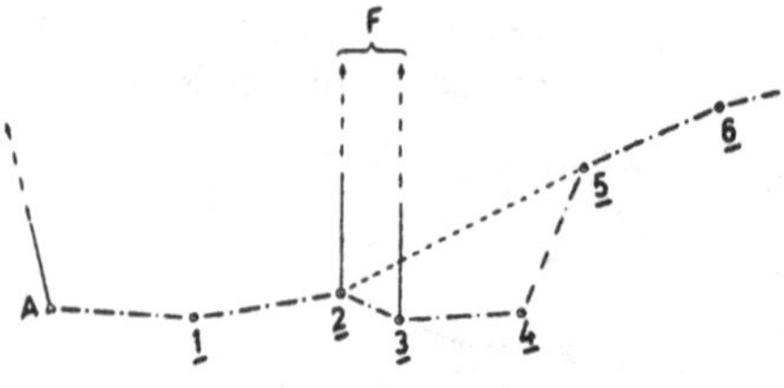

Bild 65. Ausschalten kurzer Seiten.

1 2 5 6 . . . durch. An diese Seite wird der Zug 2 3 4 5 nachträglich angeschlossen.

Ein weiteres Hilfsmittel zum Vermeiden von Zugverschwenkungen ist die *Zwischenorientierung.* Dazu ist im Bild 65 in 2 und 3 ein nach Koordinaten bekannter weit entfernt liegender Festpunkt F angezielt. Häuslich rechnet man den Zug 1 2 3 4 5 6 . . . zunächst wie üblich durch. Man gewinnt daraus vorläufige Koordinaten für 2 und 3 und berechnet damit nach 32.3 die praktisch fehlerfreien Richtungswinkel $\alpha_{2,f}$ und $\alpha_{3,f}$. Hiervon ausgehend erhält man mit Hilfe der Winkel F 2 1 und F 3 4 vorläufige Richtungswinkel beider anschließenden Seiten und stimmt bei einer neuen Durchrechnung des Zuges die auf allen übrigen Punkten beobachteten Brechungswinkel auf diese Richtungswinkel ab. Dabei erhalten die Richtungswinkel der beiden anschließenden Seiten zweite Verbesserungen, die in der Regel halb so groß sind wie die der anschließenden Brechungswinkel.

Werden die Winkel mit Zwangszentrierung beobachtet, so bringt man die obigen Hilfsmittel nur in ganz extremen Fällen zur Anwendung.

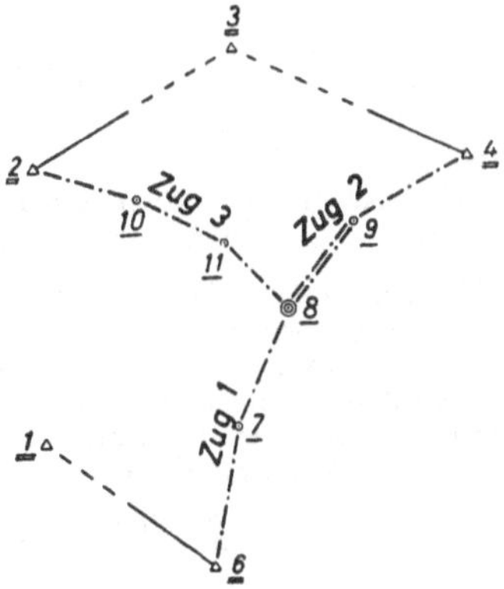

Bild 66. Zugverknotung.

35.3 Polygonzugverknotung. Wenn auf einem Polygonpunkt drei oder mehr gleichrangige Polygonzüge zusammentreffen wie im Bild 66 auf dem Punkt 8, so erhält man günstigste Werte für die Koordinaten dieses Punktes, wenn man sie aus jedem der Züge berechnet und die Ergebnisse mit Hilfe des allgemeinen arithmetischen Mittels [Band I 14.6] zusammenfaßt. Der betreffende Punkt wird dann als Knotenpunkt bezeichnet.

Man bestimmt zuerst einen Mittelwert für den Richtungswinkel einer von dem Knotenpunkt ausgehenden Seite, z. B. der Seite 8—9. Dazu überträgt man in jedem der drei Züge den Richtungswinkel der gegebenen Anschlußseite über die beobachteten Brechungswinkel auf die Seite 8—9 und bildet, wenn α_1, α_2 und α_3 die aus den Zügen 1 bis 3 gewonnenen vorläufigen Richtungswinkel dieser Seite sind, den Mittelwert

$$\alpha_{8,9} = \frac{\alpha_1 p_1 + \alpha_2 p_2 + \alpha_3 p_3}{p_1 + p_2 + p_3}, \tag{5}$$

wobei die Gewichte der Züge umgekehrt proportional der Anzahl der zur Übertragung benötigten Brechungswinkel sind, also

$$p_1 = {}^1/_3, \; p_2 = {}^1/_2, \; p_3 = {}^1/_4.$$

Nunmehr werden die gemessenen Brechungswinkel auf $\alpha_{8,9}$ abgestimmt, und es werden in den drei Zügen die vorläufigen Koordinatenunterschiede gebildet, aufsummiert und zu den Koordinaten des Ausgangsgpunktes hinzugezählt. Dann ergeben sich für den Knotenpunkt 8 drei Koordinatenpaare, die wieder nach dem Prinzip des allgemeinen arithmetischen Mittels zusammengefaßt werden. Als Gewichte für diesen Schritt werden die Kehrwerte der betreffenden Zuglängen eingeführt.

Zahlenbeispiel: Die Seiten und Winkel der Züge 1 und 2 entnehme man dem Beispiel auf S. 89 und beachte die Punktidentitäten von S. 88, Zeile 3—5. Im Zug 3 ergab die Messung der Winkel auf 2, 10, 11, und 8 der Reihe nach $52{,}0215^g$, $207{,}5132^g$, $232{,}3948^g$ und $84{,}5381^g$, die der Seiten 2—10, 10—11, 11—8, 113,98 m, 111,26 m, 121,07 m. Daraus folgt nach (5)

$$\alpha_{8,9} = 44{,}49^g + \frac{{}^1/_3 \cdot 96^{cc} + {}^1/_2 \cdot 36^{cc} + {}^1/_4 \cdot 48^{cc}}{{}^1/_3 + {}^1/_2 + {}^1/_4} = 44{,}4957^g.$$

Die vorläufige Durchrechnung der Züge ergab als Gesamtlänge $[s]$ des 1., 2. und 3. Zuges 0,283 km, 0,259 km und 0,346 km und damit als Zuggewichte $p_1 = 3{,}5$, $p_2 = 3{,}9$ und $p_3 = 2{,}8$. Für die Ordinate von 8 erhielt man 280,63 . ., 53 . ., 63 und für die Abszisse 614,27 . ., 23 . ., 22. Die günstigsten Werte sind dann

$$y_8 = 280{,}00 + \frac{3{,}5 \cdot 0{,}63 + 3{,}9 \cdot 0{,}53 + 2{,}8 \cdot 0{,}63}{3{,}5 + 3{,}9 + 2{,}8} = 280{,}59 \text{ m},$$

$$x_8 = 614{,}00 + \frac{3{,}5 \cdot 0{,}27 + 3{,}9 \cdot 0{,}23 + 2{,}8 \cdot 0{,}22}{3{,}5 + 3{,}9 + 2{,}8} = 614{,}24 \text{ m}.$$

35.4 Feinpolygonzüge in Netzen mit Spannungen. Bei einer Feinpolygonierung werden in der Regel die Seiten mit 100 m-Band [21], mit optischer Präzisionsdistanzmessung [22—24] oder elektronisch [25] gemessen und die Winkel in Zwangszentrierung [15.2 u. 31.3] bei scharfer Zentrierung über den Anschlußpunkten beobachtet. Die in älteren Netzen auftretenden Polygonzugsabschlußfehler [33.1] sind daher in der Regel nicht auf Messungsungenauigkeiten, sondern auf die Lageunsicherheit der Anschlußpunkte zurückzuführen. Das gilt insbesondere für den Winkelabschlußfehler f_β. Zweckmäßig verzichtet man daher, zumal wenn der Zug nicht allzusehr ausgebogen ist, auf die Vorwegverteilung von f_β, rechnet den Zug von einem Endpunkt aus als einseitig angeschlossenen Zug [33.3] mit den beobachteten Seiten und Winkeln durch und paßt ihn schließlich mit Hilfe einer Ähnlichkeitstransformation [49] zwischen die beiden Anschlußpunkte ein. f_β bilde man trotzdem als Schutz gegen grobe Fehler bei der Winkelmessung.

35.5 Polare Bestimmung von Polygonpunkten. Bei der elektronischen Streckenmessung [25] ist der mittl. Fehler der Streckenmessung nahezu unabhängig von der Länge der Strecken und zudem kleiner als bei den herkömmlichen Methoden. In übersichtlichem Gelände — wie es im Falle des Bildes 67 unterstellt ist — darf man daher, wenn Gründe des Netzaufbaus nicht dagegen sprechen, auf die Seiten- und Winkelmessungen längs des Zuges verzichten und statt dessen die Polygonpunkte von festen Punkten aus mit sorgfältig beobachteten Theodolitrichtungen und elektronisch gemessenen Fahrstrahlen polar festlegen.

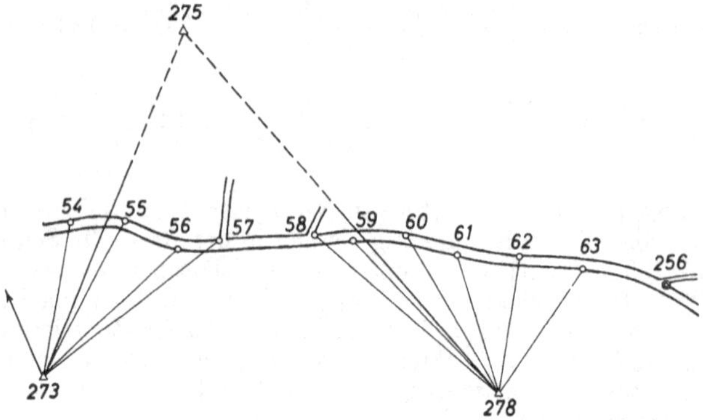

Bild 67. Polare Bestimmung von Polygonpunkten.

36 Aufnahmen und Rechnungen im Liniennetz

36.1 Orthogonal- und Polarverfahren. Zur *Einzelaufnahme in der Ebene* bevorzugt man das in Band I 31 beschriebene und als Orthogonalverfahren bezeichnete Aufnahmeverfahren mit Latten, Bändern und Rechtwinkelgeräten. Dazu genügt ein weitmaschiges Polygonnetz, das durch Messungslinien verdichtet wird. Die Endpunkte der Messungslinien bindet man in die Polygonseiten ein und berechnet für die Bindepunkte Kleinpunktkoordinaten gemäß Band I 32. Für die Grenzpunkte usw. werden Koordinaten heute in der Regel ebenfalls gerechnet.

Im *Berg- und Hügelgelände* hat sich das Polarverfahren als günstiger erwiesen, bei dem die aufzunehmenden Gegenstände mit Doppelbildtachymetern von den Polygonpunkten aus polar aufgenommen werden. Die Polygonpunkte sollen dazu höchstens 200 m voneinander entfernt sein. Zur Einzelaufnahme beobachtet man zunächst die Anschlußrichtung nach einem Nachbarpolygonpunkt und dann die Richtungen und die Entfernungen nach den aufzunehmenden Grenz- und Geländepunkten. Zur Verprobung schneidet man wichtige Punkte von 2 Ständen aus an und mißt die Kopfbreiten der Grundstücke und dgl. mit einem Meßband. Häuslich trägt man die Punkte entweder mit einem Polarkoordinatographen auf, oder man bildet ausgehend vom Richtungswinkel der Anschlußseite für jede Visur den Richtungswinkel, errechnet nach 32.2 die rechtwinkligen Koordinaten der Punkte und überträgt sie mittels des Quadratnetzes in die Karte.

Das Polarverfahren ist besonders vorteilhaft, wenn mit einem selbstregistrierenden Theodoliten beobachtet wird. Man kann dann den nach 14.34 von dem Auswertegerät gelieferten Lochstreifen in einen Rechenautomaten eingeben, um rechtwinklige Koordinaten zu gewinnen, oder man kann ihn einem automatischen Zeichengerät — z. B. dem Graphomat Z 64 — zuführen, das danach eine Karte zeichnet.

36.2 Schnitt zweier Geraden. Die wichtigsten Rechnungen im Liniennetz sind bereits in Band I 32 behandelt worden. Darüber hinaus wird oftmals der Schnittpunkt zweier Messungslinien (Bild 68a) oder ihrer Verlängerungen (Bild 68b) verlangt:

Gegeben: x_1, y_1; x_2, y_2; x_3, y_3; x_4, y_4; gesucht x, y. Gemäß 32.3 sind die Richtungskoeffizienten der beiden Geraden P_1P_3 und P_2P_4

$$\frac{y_3 - y_1}{x_3 - x_1} = m_1 \quad (1) \qquad \frac{y_4 - y_2}{x_4 - x_2} = m_2, \quad (2)$$

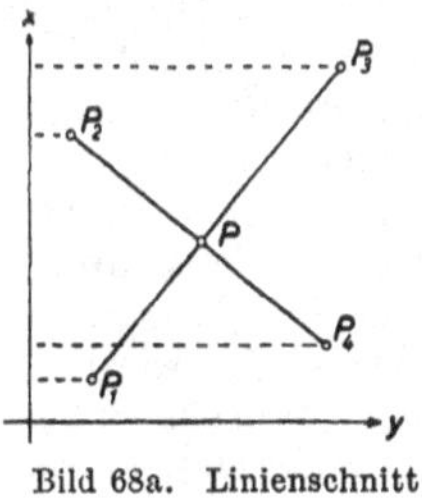

Bild 68a. Linienschnitt Fall I.

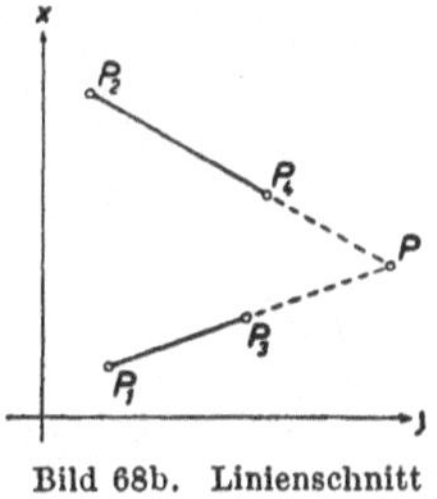

Bild 68b. Linienschnitt Fall II.

und die Gleichungen der Geraden sind

$$y - y_1 = m_1(x - x_1) \tag{3}$$
$$y - y_2 = m_2(x - x_2) \tag{4}$$

Nach Elimination von y folgt daraus

$$x - x_1 = \frac{(y_2 - y_1) - m_2(x_2 - x_1)}{m_1 - m_2}\,. \tag{5}$$

Mithin ergibt sich folgender Rechenweg:

m_1 und m_2 aus (1) und (2);

$(x - x_1)$ aus (5); $(y - y_1)$ aus (3)

$$x = x_1 + (x - x_1); \quad y = y_1 + (y - y_1),$$

$$\text{Probe: } m_1 = \frac{y_3 - y}{x_3 - x}\,;\; m_2 = \frac{y_4 - y}{x_4 - x}$$

4 Trigonometrische Punktbestimmung

41 Anlage eines Kleindreiecksnetzes

41.1 Grundlagen der Dreiecksmessung. Eine aus Dreiecken zusammengesetzte geometrische Figur ist ihrer Gestalt nach bestimmt, wenn die Dreieckswinkel bekannt sind, und ihrer Größe nach, wenn mindestens eine Dreiecksseite gegeben ist. Um ein Gebiet trigonometrisch zu erfassen, hat man es daher mit einem zusammenhängenden Netz von Dreiecken zu überziehen, deren Eckpunkte gegenseitig sichtbar sind. In einem solchen Triangulierungs- oder Dreiecksnetz werden möglichst alle Dreieckswinkel und wenigstens eine Dreiecksseite gemessen und für alle trigonome-

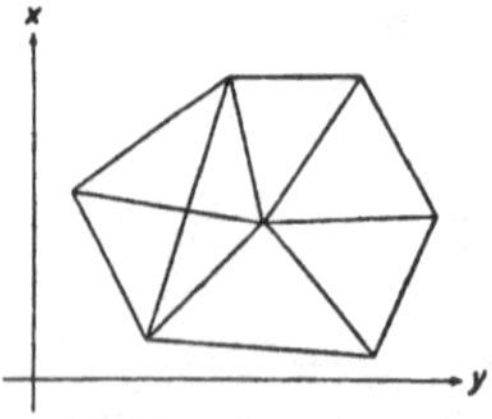

Bild 69. Kleindreiecksnetz.

trischen oder Dreieckspunkte rechtwinklige Koordinaten gerechnet. Im Hinblick auf die Fehlerfortpflanzung sind bei gegebener Ausdehnung des Messungsgebietes große gleichseitige Dreiecke am günstigsten. Winkel von unter 35^g und über 135^g sollen vermieden werden.

41.2 **Auswahl und Vermarkung der Dreieckspunkte.** Standorte für die Dreieckspunkte sind in erster Linie die natürlichen Geländehöhen. Als Punktmarke dient ein Stein mit eingemeißeltem Kreuz nebst einer untergelegten Platte [Band I Bild 3]. Für vorübergehende Zwecke genügt ein kräftiger Pfahl, auf dem das Zentrum durch einen Nagel gekennzeichnet ist. Über den Punktmarken werden während der Messung Signale errichtet, deren Spitze sich genau in der Lotlinie der betreffenden Marke befinden soll [42.3]. Einfache Signale zeigen die Bilder 70 bis 72.

Die einfache Signalstange wird bei Signalhöhen bis zu 3 m benutzt. Sie muß bei der Winkelmessung auf dem betreffenden Punkt umgelegt werden. Das zweibeinige Tafelsignal, das bis zu 8 m Höhe reicht, kann während der Messung stehenbleiben. Bis zu Signalhöhen von 5 m Höhe genügen Dachlatten mit Abdrahtung an der Spitze; darüber hinaus muß auch die Stelle, an der die Streben die Tafelstangen berühren, verdrahtet werden. Das dreibeinige Tafelsignal wird in Höhen von 6 bis 10 m aus Rundhölzern von 8 bis 12 cm ⌀ vor allem dann gebaut, wenn es längere Zeit stehenbleiben soll.

Bei allen Signalen werden einige Dezimeter unter der Signalspitze 2 sich rechtwinklig kreuzende 15 bis 20 cm hohe Tafelbretter angebracht, deren Enden gleich-

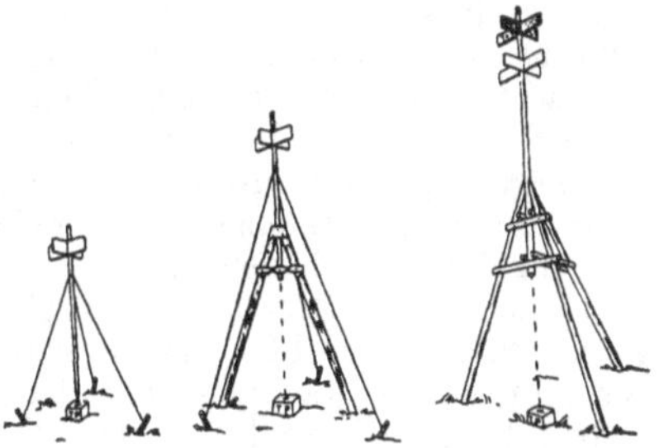

Bild 70. Bild 71. Bild 72.

Zielpunktsignale.

weit (40 bis 50 cm) von der Tafelstange abstehen. Von Hochspannungs- und Telefonleitungen, aber auch von Straßen und Eisenbahnen bleibe man um die zweifache Signalhöhe entfernt.

Wo natürliche Geländehöhen nicht zur Verfügung stehen, können Gebäudeteile, z. B. der Knopf oder die Spitze eines Kirchturms, die Fahnenstange eines Aussichtsturms, die Mitte eines Schornsteins und dgl., als Dreieckspunkte benutzt werden. Man erspart dabei zwar die Signalisierung; es können aber die Winkel auf dem betreffenden Punkt in der Regel nur exzentrisch beobachtet werden, was oftmals erhebliche Schwierigkeiten macht [42].

41.3 Messungen im Kleindreiecksnetz.

41.31 *Die Dreiecksseite*, die dem Netz den Maßstab gibt, kann in horizontalem Gelände direkt gemessen werden. Im Hügelland und in bedecktem Gelände beschränkt man sich auf das Messen einer günstig gelegenen Basis und überträgt deren Länge über ein Basisvergrößerungsnetz nach Art des Bildes 46 auf die Dreiecksseite. Die Basis soll nicht kürzer als ein Sechstel der Dreiecksseite sein.

Die Messungsgenauigkeit selbst muß dem Zweck der Arbeit angepaßt sein. Um die höchste Genauigkeit, die bei $\pm$ 1 mm je km liegt, zu erzielen, sind eine Basismeßeinrichtung [21.3], günstige äußere Verhältnisse und erfahrene Beobachter erforderlich. Mit einem 100 m-Stahlband läßt sich bei sorgfältigem Durchfluchten und Beobachten der in 21.2 gegebenen Hinweise ein mittlerer Fehler von $\pm$ 2 bis 3 cm auf 1 km erreichen. Auf nahezu dieselbe Größenordnung führt in ebenem und schwach geneigtem Gelände auch mehrmalige Messung mit Schneidenlatten und Neigungsmesser [Band I 23]. In bewegtem Gelände greife man zur optischen Distanzmessung; doch warte man günstige meteorologische Verhältnisse ab. Alle Latten und Bänder sind vor und nach der Messung mit größter Sorgfalt abzugleichen.

Soweit die Geländeneigung nicht bereits durch das Meßverfahren berücksichtigt ist, muß das Längsprofil der Basis durch Nivellement erfaßt und sein Einfluß auf die schräg gemessenen Abschnitte in Rechnung gestellt werden. Nach Band I 23.22 ist dazu, wenn s eine schräg gemessene Strecke und Δh der Höhenunterschied ihrer Endpunkte ist, von s der Betrag $\Delta s = \Delta h^2/2s$ in Abzug zu bringen.

41.32 *Die Dreieckswinkel* werden mit einem Feinmeßtheodoliten in 2 Sätzen beobachtet; sind die Seiten im Durchschnitt nicht länger als 1 km, so genügen auch 3 bis 4 Sätze mit einem Ingenieurtheodoliten.

Je kürzer die Dreiecksseiten sind, um so sorgfältiger müssen Instrument und Signale zentriert werden. Die Zentrierungsungenauigkeiten müssen so klein gehalten werden, daß durch sie die Beobachtungsgenauigkeit am Instrument nicht verlorengeht. Eine seitliche Exzentrizität von 1 cm bewirkt nach der Formel $b : r = \alpha : \varrho$ an einem 1000 m entfernten Zielpunkt eine Richtungsänderung von 6^{cc} oder $2''$. Es ist also unsinnig, die Beobachtungsgenauigkeit am Theodolit durch Hinzunehmen weiterer Sätze zu vergrößern, wenn nicht gleichzeitig die Zentrierungsgenauigkeit entsprechend hoch ist.

42 Exzentrische Winkelmessung

Oftmals ist es nicht möglich, den Theodolit im Zentrum der Beobachtungsstation und die Signale im Zentrum der Zielpunkte aufzustellen. Man unterscheidet dabei folgende Fälle:

a) Das Zentrum der Station ist zugänglich, aber die Sicht nach dem Zielpunkt ist nur von einem exzentrischen Standpunkt aus zu erhalten, von dem aus die Zentrierungselemente — d. h. die Entfernung und die Richtung zum Zentrum — direkt gemessen werden können [42.1].

b) Das Zentrum der Station ist unzugänglich (Turmspitze, Fahnenstange und dgl.); die Zentrierungselemente müssen daher durch eine Hilfskonstruktion indirekt ermittelt werden [42.2].

c) Das Signal am Zielpunkt steht exzentrisch [42.3].

d) Die Zentrierungen lassen sich mit Hilfe gebrochener Strahlen umgehen [42.4].

42.1 Standpunktzentrierung. Es sei Z das Zentrum einer Station und B ein exzentrischer Standpunkt. Auf B seien die Richtungen $\alpha_1, \alpha_2 \ldots \alpha_n$ sowie die Richtung α_z nach Z beobachtet; außerdem sei die Strecke $\overline{BZ} = e$ gemessen. Gesucht sind die auf Z reduzierten Richtungen $r_1, r_2 \ldots r_n$.

Zur Lösung denke man sich das auf B beobachtete Büschel $\alpha_1, \alpha_2 \ldots \alpha_z \ldots \alpha_n$ parallel nach Z verschoben, so daß der Strahl nach P_1 in die im Bild 73 fein gestrichelte Lage kommt. Da der dadurch entstehende Winkel δ_1 auch bei P_1 auftritt, läßt r_1 sich folgendermaßen berechnen:

$$\varepsilon_1 = \alpha_1 - \alpha_z \ (1); \quad \sin \delta_1 = \frac{e}{s_1} \sin \varepsilon_1 \ (2); \quad r_1 = \alpha_1 + \delta_1. \quad (3)$$

Entsprechend werden die Richtungen α_2 bis α_n zentriert. Ist $e:s_i \leqq 1:41$, so erhält man die δ_i auf $\pm$ 1,5^cc genau aus

$$\delta_i^{cc} = \varrho^{cc} \frac{e}{s_i} \sin \varepsilon_i \qquad (2a)$$

Bei $\varepsilon_i > 200\,g$ wird δ_i negativ. Die Rechenschritte (1) und (3) sichere man durch Summenproben, die Rechenschritte (2) bzw. (2a) durch unabhängige Wiederholung. Siehe Zahlenbeispiel.

Zur *Abschätzung der Genauigkeit*, mit der e und s beobachtet werden müssen, findet man auf Grund einer Differentiation von (2) für den ungünstigsten Fall

$$\frac{d\delta}{\delta} = \frac{de}{e} + \frac{ds}{s} \qquad (4)$$

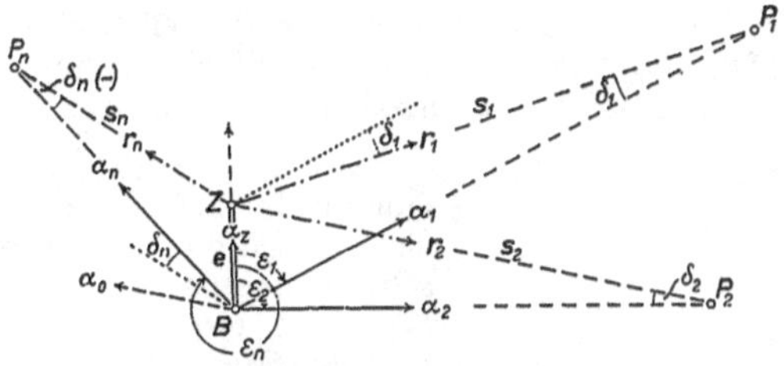

Bild 73. Standpunktzentrierung.

e und s werden also zweckmäßig mit der gleichen relativen Genauigkeit ermittelt. Dazu hat man e auf mm und s bei kürzeren Entfernungen auf dm, bei längeren Entfernungen auf m zu bestimmen.

Zahlenbeispiel: Zentrierung von $n = 3$ Richtungen (Bild 73):

	α_i / α_z	$\varepsilon_i = \alpha_i - \alpha_z$	s_i / e	δ_i	$r_i = \alpha_i + \delta_i$
1	2	3	4	5	6
	g	g	m	g	g
P_1	94,1090	58,8570	2353,2	+0,2918	94,4008
P_2	155,1759	119,9239	1346,8	+0,6077	155,7836
P_3	281,4529	246,2009	1592,9	—0,3584	281,0945
Z	35,2520		13,512		
	565,9898	424,9818		+0,5411	531,2789
		141,0080			—0,5411
		565,9898			35,2520
					565,9898

$$\text{Probe: } [\alpha_i] + \alpha_z = [\varepsilon_i] + (n+1)\,\alpha_z = [r_i] - [\delta_i] + \alpha_z$$

Die Summenprobe sichert nur die 3. und 6. Spalte, während die 5. Spalte nicht geprüft ist. Man rechnet die δ_i daher zweimal, z. B. logarithmisch und numerisch.

42.2 **Indirekte Bestimmung der Zentrierungselemente.** Wenn die Zentrierungselemente nicht unmittelbar beobachtet werden können — z. B. weil Z eine Kirchturmspitze ist, B aber sich im Schalloch befindet —, so müssen e und α_z indirekt bestimmt werden.

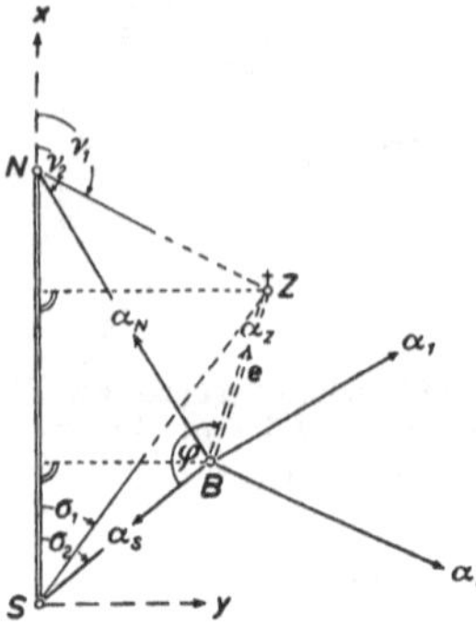

Bild 74. Bestimmung der Zentrierungselemente.

Meistens gelingt das mittels einer Hilfsbasis SN am Fuß des Turmes. Da die Visuren oftmals sehr steil sind, stelle man die Stehachse des Theodolits streng lotrecht. Man beobachte in B: die Richtungen $\alpha_1, \alpha_2 \ldots, \alpha_S, \alpha_N$; in S die Winkel σ_1, σ_2; in N: die Winkel ν_1, ν_2. Die Winkel im Dreieck SNB stelle man zusammen und verteile den Widerspruch; die Hilfsbasis messe man auf mm.

Der übersichtlichste Rechenweg zur Ermittlung von e und α_z ergibt sich, wenn man die Basis SN als Abszissenachse eines örtlichen Koordinatensystems betrachtet und folgendes rechnet:

a) Rechtwinklige Koordinaten von B und Z in Beziehung auf SN als Abszissenachse durch trigonometrische Auflösung der Dreiecke oder durch Vorwärtseinschneiden [44.2];

b) daraus $BZ = e$ und (BZ) nach 32.3;

c) $\varphi = (BZ) - (BS) = (BZ) - \sigma_2 \pm 200^g$;

d) $\alpha_z = \alpha_s + \varphi$.

Da die örtlichen Verhältnisse sehr unterschiedlich sind, lassen feste Regeln sich nicht aufstellen. Wenn z. B. der Standpunkt B zu ebener Erde liegt, läßt man die Hilfsbasis nach Möglichkeit unmittelbar von B ausgehen und verfährt dann wie beim Herablegen [35.1]. In jedem Falle fertige man eine die Verhältnisse richtig wiedergebende Lageskizze an und wähle danach den günstigsten Weg. Zur

Verprobung von Messung und Rechnung bestimme man die Zentrierungselemente ein zweites Mal von einer anderen Hilfsbasis aus.

Soll ein Exzentrum koordiniert werden, so bestimmt man im Anschluß an einen von B aus angezielten Festpunkt den Richtungswinkel (ZB) im Landessystem und kann dann mit (ZB) und e die Koordinaten von Z auf B übertragen.

Zahlenbeispiel: Es wurden beobachtet

$\alpha_1 = 0{,}0000^g$; $\alpha_S = 161{,}3819^g$; $\nu_1 = 157{,}586^g$; $\sigma_1 = 71{,}828^g$
$SN = 94{,}376\,m$; $\alpha_N = 244{,}7059^g$; $\nu_2 = 158{,}768^g$; $\sigma_2 = 75{,}442^g$

Die Rechnung ergab

$x_B = 22{,}181\,m$; $x_Z = 25{,}616\,m$; $(BZ) = 389{,}6577^g$
$y_B = 54{,}619\,m$; $y_Z = 54{,}056\,m$; $\alpha_z = 275{,}5971^g$; $e = 3{,}481\,m$.

42.3 Zielpunktzentrierung. Es sei auf dem Beobachtungspunkt B an Stelle der Sollrichtung r nach dem Ziel P die Richtung r_t nach der bei P exzentrisch aufgestellten Signaltafel T beobachtet. Zur Reduktion auf das Zentrum von P seien in T der Winkel ε und die Tafelexzentrizität e bestimmt. Dann ist nach Bild 75

$$\sin\delta = \frac{e}{s}\sin\varepsilon \quad \text{und} \quad r = r_t + \delta. \qquad (5)$$

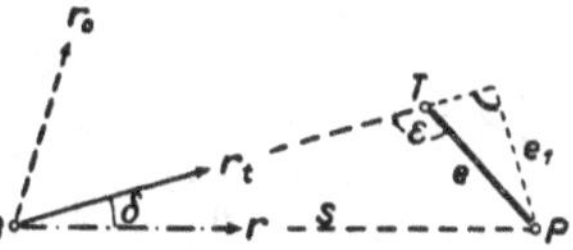

Bild 75. Zielpunktzentrierung.

Sehr häufig entsteht eine kleine Exzentrizität dadurch, daß die Spitze eines ursprünglich zentrisch errichteten Signals auswandert. In solchen Fällen befestigt man ein mit einer Kreisteilung versehenes Zeichenblatt 20 × 20 cm (Orientierungsspinne) auf einem dünnen Brett und legt es

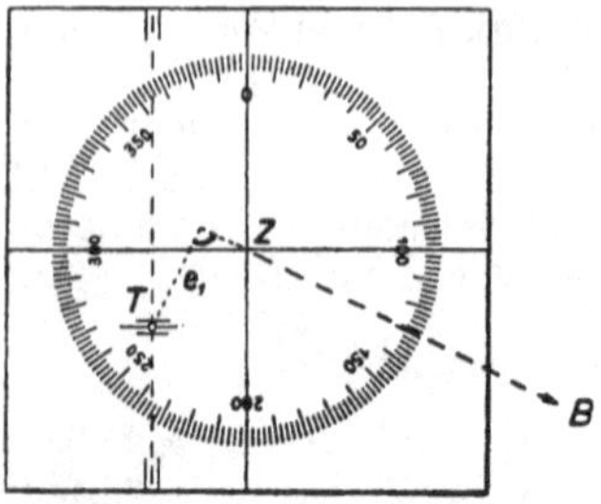

Bild 76. Ablotungsspinne.

zentrisch auf die Punktmarke. Lotet man dann die Signalspitze mit Hilfe des Theodolits in zwei rechtwinklig zueinander verlaufenden Richtungen auf die Spinne herunter, so kann e auf der Spinne in wahrer Größe abgegriffen werden. Schließlich reißt man auf der Spinne die Richtung nach dem Beobachtungspunkt B an; dann läßt sich $e_1 = e \sin \varepsilon$ unmittelbar abgreifen und $\delta = \varrho e_1/s$ mit dem Rechenschieber berechnen. Diese Zentrierungsart heißt „Abloten".

Häufig sind Zentrierungen sowohl im Zielpunkt wie im Standpunkt vorzunehmen. Man berechnet dann zunächst die Zielpunktzentrierungen, streicht im Winkelbuch die beobachteten Richtungen durch, schreibt die reduzierten Richtungen rot darüber und führt damit die Standpunktzentrierungen durch. Eine Formel, die sowohl die Zielpunkt- wie die Standpunktzentrierung erfaßt, ist für die Praxis überflüssig.

42.4 Gebrochene Strahlen. Wenn wie im Bild 77 die Sicht $P_1 P_2$ versperrt ist, so beobachte man auf P_1 und P_2 die Richtung nach einem möglichst nahe der Sicht $P_1 P_2$ liegenden Hilfspunkt A, der von den Sollrichtungen um die Winkel δ_1 und δ_2 abweicht.

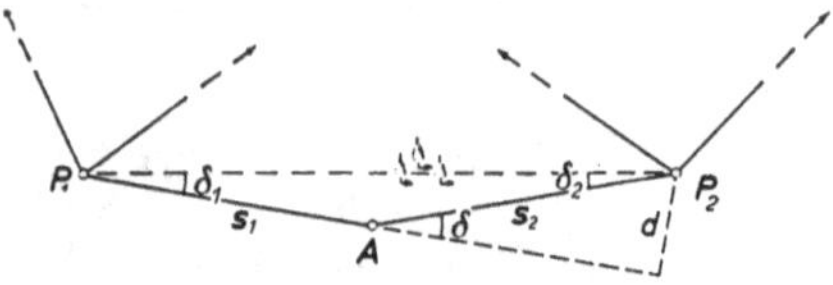

Bild 77. Einfach gebrochener Strahl.

Man messe ferner den Winkel $P_1 A P_2$ und hat dann nach Bild 77 auch $\delta = \delta_1 + \delta_2$. Sind dann noch s_1 und s_2 bekannt, so lassen δ_1 und δ_2 sich nach dem Tangenssatz — sechsstellig — errechnen aus

$$\tan \frac{1}{2} (\delta_2 - \delta_1) = \frac{s_1 - s_2}{s_1 + s_2} \tan \frac{1}{2} \delta \tag{6}$$

Um hiernach δ_1 und δ_2 auf $\pm$ 5^{cc} zu erhalten, muß $\delta \leqq 2{,}2^g$ und $m_\delta \leqq 7^{cc}$ sein; s_1 und s_2 müssen der Bedingung $3/2 \geqq s_1/s_2 \geqq 2/3$ genügen, und ihre relativen Fehler dürfen $\pm\, 2{,}5 \cdot 10^{-4}$, d. h. 10 cm auf 400 m, nicht übersteigen.

Bei $\delta < 2^c$ folgt mit genäherten s_1 und s_2 aus Bild 77

$$\delta_1(s_1 + s_2) \approx (\delta_1 + \delta_2)\, s_2 = d$$

$$\delta_1 = \delta \frac{s_2}{s_1 + s_2}\,; \qquad \delta_2 = \delta \frac{s_1}{s_1 + s_2}\,. \tag{7}$$

A kann auch in der ungefähren Verlängerung von $P_1 P_2$ liegen (rückwärts gebrochener Strahl). Dann ist nach Bild 78 $\delta = \delta_2 - \delta_1$ zu messen. Damit werden δ_1 und δ_2 unter den bei (7) verwendeten Voraussetzungen erhalten aus

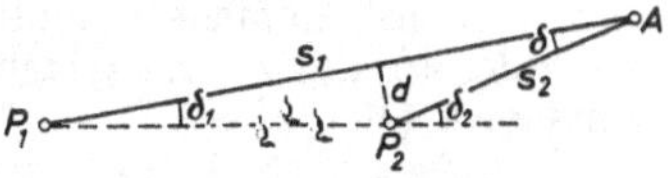

Bild 78. Rückwärts gebrochener Strahl

$$\tan \frac{1}{2}(\delta_1 + \delta_2) = \frac{s_1 + s_2}{s_1 - s_2} \tan \frac{1}{2}\,\delta. \tag{8}$$

Bei $\delta < 2^c$ ist nach Bild 78:

$$\delta_1(s_1 - s_2) \approx \delta\, s_2 = d$$

$$\delta_1 = \delta \frac{s_2}{s_1 - s_2}\,; \qquad \delta_2 = \delta \frac{s_1}{s_1 - s_2}\,. \tag{9}$$

Ist der Strahl mehrfach gebrochen, so berechnet man ihn als freien Polygonzug [33.3] mit der Seite $P_1 A$ als x-Achse

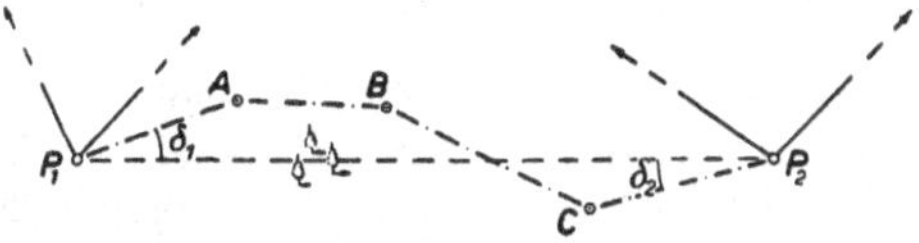

Bild 79. Mehrfach gebrochener Strahl.

und findet daraus nach 32.1

$$\delta_1 = (P_1 P_2);\; \delta_2 = (P_2 P_1) - (P_2 C). \tag{10}$$

In jedem Falle müssen Theodolit und Signale äußerst scharf — möglichst mit Zwang [15.2] — zentriert werden.

Der gebrochene Strahl ist ein ausgezeichnetes Hilfsmittel zum Umgehen von Hindernissen, das meistens schneller zum Ziele führt als größere Exzentrizitäten.

43 Berechnung eines Kleindreiecksnetzes

43.1 Grundlagen. Ziel der Dreiecksberechnung ist die Ermittlung rechtwinkliger Koordinaten für die Dreieckspunkte. Die Rechnung ist um so schwieriger, je verwickelter der geometrische Aufbau des Netzes ist. Bei Kleindreiecksnetzen — zumal für bautechnische Projekte — wählt man daher möglichst einfache Grundfiguren, z. B. die Dreieckskette (Bild 80), das Zentralsystem (Bild 81) oder das Diagonalenviereck (Bild 82).

Eine Dreieckskette kommt in Frage, wenn für bauliche Maßnahmen ein Tal trigonometrisch erfaßt werden muß. Mit einem Zentralsystem glückt es oftmals, die Mündungen eines Tunnels über einen Berg hinweg in geometrische Verbindung zu bringen. Das Diagonalenviereck reicht oft als Grundlage für die Absteckung von Brücken aus.

Nach 41.1 hat man wenigstens eine Seite und möglichst alle Winkel zu beobachten. Die Messungswidersprüche, die beim Zusammenstellen der Beobachtungen sichtbar werden, müssen, um ein eindeutiges und möglichst günstiges Ergebnis zu erzielen, nach der Methode der kleinsten Quadrate ausgeglichen werden. Wenn die Netze jedoch mäßige Ausdehnung haben, die Beobachtungen sehr gut sind und auf letzte Rechengenauigkeit verzichtet wird, führt auch eine schrittweise Abstimmung auf ausreichend genaue Ergebnisse*).

43.2 Berechnung einfacher Figuren.

43.21 In einer *einfachen Dreieckskette* ohne Diagonalen sind in jedem Dreieck die Widersprüche gegen 200^g gleichmäßig auf die Winkel zu verteilen. Die Koordinaten können auf zwei Wegen errechnet werden. Entweder berechnet man aus einer gegebenen und als x-Achse angenommenen Ausgangsseite mit den verbesserten Winkeln die Seiten und

---

*) Vgl. F. G. Gauß, Die trigonometrischen und polygonometrischen Rechnungen in der Feldmeßkunst. 4. Aufl. (1922), §§ 97 bis 101.

bildet aus Winkeln und Seiten einen die Figur umschließenden Polygonzug, der bei der Durchrechnung ohne Widerspruch abschließen muß. Oder man schneidet ausgehend von der gegebenen Seite die einzelnen Dreieckspunkte nacheinander vorwärts ein [44].

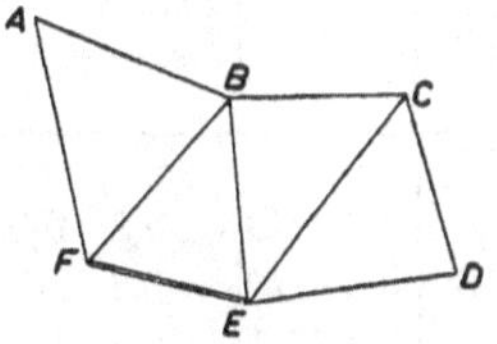

Bild 80. Dreieckskette.

43.22 Bei einem *Zentralsystem* muß erstens jedes Dreieck mit 200^g schließen, zweitens muß die Summe der Winkel um den Zentralpunkt 400^g betragen und drittens muß die sogenannte Seitengleichung berücksichtigt werden, die folgendes besagt: Wenn aus der Seite a mit Hilfe des Sinussatzes die Seite b, dann aus b die Seite c berechnet und so fortgefahren wird, so muß schließlich die Seite a unverändert wieder herauskommen. In mathematischer Formulierung lautet diese Bedingung mit den Bezeichnungen des Bildes 81

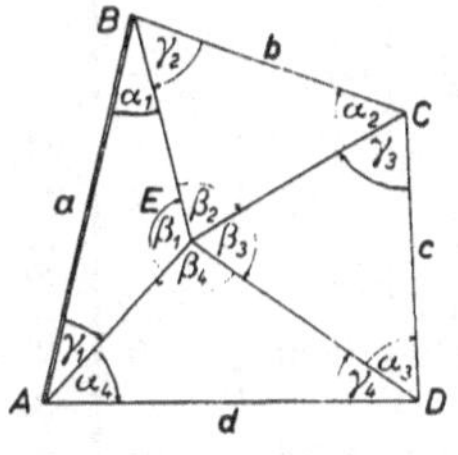

Bild 81. Zentralsystem.

$$\frac{\sin \alpha_1 \sin \alpha_2 \sin \alpha_3 \sin \alpha_4}{\sin \gamma_1 \sin \gamma_2 \sin \gamma_3 \sin \gamma_4} = 1.$$

Falls im Zentralpunkt Richtungen beobachtet sind, entfällt die zweite Bedingung. Die verbleibenden Bedingungen kann man durch schrittweise Abstimmung folgendermaßen erfüllen:

Zuerst berechne man in jedem der n Dreiecke die Dreiecksschlußfehler $f_i = 200^g - (\alpha_i + \beta_i + \gamma_i)$ und verstehe unter $[f]$ deren algebraische Summe. Dann verbessere man die

$$\alpha_i \text{ u. } \gamma_i \text{ mit } v_\alpha = v_\gamma = + \frac{f_i}{3} + \frac{[f]}{6n}$$

$$\beta_i \qquad \text{mit } v_\beta = \qquad + \frac{f_i}{3} - \frac{[f]}{3n}.$$

Zahlenbeispiel:

Pkt. Nr.	α_i β_i γ_i	v_α v_β v_γ	α_i+v_α β_i+v_β γ_i+v_γ	Log von $\sin(\alpha_i+v_\alpha)$ $\sin(\gamma_i+v_\gamma)$	$\cot\alpha_i$ $\cot\gamma_i$	$+\Delta$ $-\Delta$	Ausgeglichene Winkel
	g	cc	cc			cc	g
B	26,4519	—10,3	4508	9.605990	2,27	+16	26,4524
E	148,8140	— 9,3	8131				148,8131
A	24,7371	—10,3	7361	9.578468	2,44	—16	24,7345
	200,0030	—30					200,0000
C	54,1004	+ 1,7	1006	9.875730	0,88	+16	54,1022
E	77,8359	+ 2,8	8362				77,8362
B	68,0631	+ 1,7	0632	9.942893	0,55	—16	68,0616
	199,9994	+ 6					200,0000
D	56,9215	— 4,3	9211	9.891902	0,80	+16	56,9227
E	64,6986	— 3,3	6983				64,6983
C	78,3811	— 4,3	3806	9.974460	0,35	—16	78,3790
	200,0012	—12					200,0000
A	53,3919	+ 8,7	3927	9.871438	0,90	+16	53,3943
E	108,6515	+ 9,7	6525				108,6525
D	37,9539	+ 8,7	9548	9.749346	1,47	—16	37,9532
	199,9973	+27		9.245060	9,66		200,0000
	$[f] = -9{,}0$			9.245167			
				+ 107	$\Delta = +1{,}466 \cdot \frac{107}{9{,}66}$		
					$= +16{,}4$		

Mit den verbesserten α_i und γ_i berechne man im Hinblick auf die 3. Bedingung

$$\Delta = \frac{\varrho}{\mathrm{Mod}_{10}} \cdot \frac{[\lg\sin\gamma] - [\lg\sin\alpha]}{[\cot\alpha + \cot\gamma]}$$

— worin der Zähler in Einheiten der 6. Dezimale des Logarithmus zu rechnen und $\varrho/\mathrm{Mod}_{10}$ für Neugrad in Sek. gleich $+ 1{,}466$ ist — und füge zu allen α_i als zweite Verbesserung $+ \Delta$, zu allen γ_i dagegen $- \Delta$ hinzu. Zur Probe setze man die (zweimal) verbesserten α_i und γ_i und die (einmal) verbesserten β_i in die drei obigen Bedingungen ein, die erfüllt sein müssen.

Für die Koordinatenberechnung gilt, was unter 43.21 gesagt worden ist.

43.23 In einem *Diagonalenviereck* mißt man alle Winkel und die beiden Seiten a und c. Zur Abstimmung der Winkel bildet man in dem umschließenden Viereck $ABCD$ und in den beiden verschränkten Vierecken $ACBD$ und $ABDC$ [Band I 41.1] die Vierecksschlußfehler

$$
\begin{aligned}
f_1 &= 400 - (\alpha_1 + \alpha_2 + \beta_1 + \beta_2 + \gamma_1 + \gamma_2 + \delta_1 + \delta_2)\\
f_2 &= 0 - (-\alpha_1 + \beta_2 + \gamma_1 - \delta_2)\\
f_3 &= 0 - (-\alpha_2 - \beta_1 + \gamma_2 + \delta_1),
\end{aligned}
$$

setzt $k_1 = \frac{1}{8} f_1; \quad k_2 = \frac{1}{4} f_2; \quad k_3 = \frac{1}{4} f_3$

und erhält damit die verbesserten Winkel

$$
\begin{aligned}
&\alpha_1 + k_1 - k_2; \quad \alpha_2 + k_1 - k_3;\\
&\beta_1 + k_1 - k_3; \quad \beta_2 + k_1 + k_2;\\
&\gamma_1 + k_1 + k_2; \quad \gamma_2 + k_1 + k_3;\\
&\delta_1 + k_1 + k_3; \quad \delta_2 + k_1 - k_2.
\end{aligned}
$$

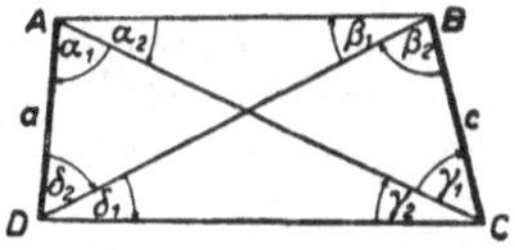

Bild 82. Diagonalenviereck.

Mit den verbesserten Winkeln berechnet man die Länge einer Diagonalen sowohl von a wie von c aus und hält, wenn die Ergebnisse ausreichend übereinstimmen, das Mittel aus beiden Rechnungen an. Über der gemittelten Diagonale als Abszissenachse können schließlich die Koordinaten für die übrigen Netzpunkte nach 32.2 oder 44 berechnet werden.

44 Das Vorwärtseinschneiden

Wenn in einem Netz die Dreieckspunkte zu große Abstände haben, werden weitere Punkte durch trigonometrisches Einschneiden bestimmt. Die einfachste Einschneideaufgabe ist das Vorwärtseinschneiden. Diese Aufgabe hat zahlreiche Lösungen, deren bekannteste nachstehend mitgeteilt werden.

44.1 Allgemeine Lösung. Gegeben sind die Koordinaten von zwei Standpunkten A und B sowie von zwei Anschlußpunkten A' und B'. Beobachtet ist auf A der Winkel φ und auf B der Winkel ψ. Gesucht sind die Koordinaten des Neupunktes P. Die Lösung beginnt mit dem Orientieren der Vorwärtsstrahlen, d. h. mit der Aufgabe, mit Hilfe von φ und ψ die Richtungswinkel (AP) und (BP) zu ermitteln. Vorbereitend berechnet man aus den Ausgangskoordinaten die Richtungswinkel (AA') und (BB') und findet mit Bild 83

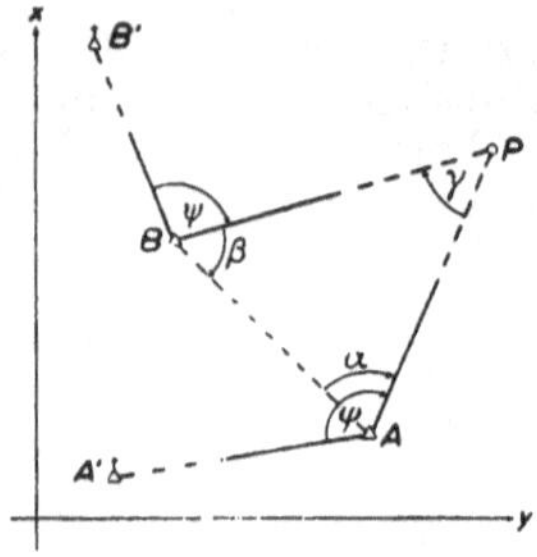

Bild 83. Vorwärtseinschneiden.

$$(AP) = (AA') + \varphi; \quad (BP) = (BB') + \psi. \tag{1}$$

Zur Berechnung der Koordinaten des Neupunkts ermittelt man aus den gegebenen Koordinaten die Strecke AB und die Richtungswinkel (AB) und (BA) und bildet nach Bild 83 die Winkel

$$\alpha = (AP) - (AB); \quad \beta = (BA) - (BP). \tag{2}$$

Dann erhält man die Seiten

$$\overline{AP} = \overline{AB}\frac{\sin\beta}{\sin(\alpha+\beta)}; \quad \overline{BP} = \overline{AB}\frac{\sin\alpha}{\sin(\alpha+\beta)} \tag{3}$$

und findet schließlich nach 32.2 mit Probe

$$\left.\begin{aligned} y &= y_a + \overline{AP}\sin(AP); & x &= x_a + \overline{AP}\cos(AP) \\ &= y_b + \overline{BP}\sin(BP); & &= x_b + \overline{BP}\cos(BP). \end{aligned}\right\} \tag{4}$$

Zusätze: a) Wenn die Zielungen von A nach B und B nach A möglich sind, kann auf die Visuren nach A' und B' verzichtet werden. Bei der Rechnung entfällt dann (2), und an die Stelle von (1) tritt

$$(AP) = (AB) + \alpha; \quad (BP) = (BA) - \beta. \tag{1a}$$

b) Sind an Stelle der Winkel φ und ψ die Winkel φ und γ beobachtet, so ist

$$(AP) = (AA') + \varphi; \quad (BP) = (AP) + \gamma. \tag{1b}$$

Dieser Fall heißt Seitwärtseinschneiden.

44.2 Rechenmaschinenlösungen. Ein für die Maschinenrechnung geeigneter Lösungsweg besteht darin, den Neupunkt P als Schnittpunkt der beiden Geraden

$$y - y_a = \tan(AP)(x - x_a) \text{ und } y - y_b = \tan(BP)(x - x_b) \tag{5}$$

zu betrachten. Die Lösung ist dann identisch mit dem in 36.2 behandelten Linienschnitt. Nachdem (AP) und (BP) gemäß (1) oder (1a) bestimmt sind, hat man lediglich die beiden Gleichungen

$$\left.\begin{aligned} x - x_a &= \frac{(y_b - y_a) - (x_b - x_a)\tan(BP)}{\tan(AP) - \tan(BP)} \\ y - y_a &= (x - x_a)\tan(AP) \end{aligned}\right\} \tag{6}$$

aufzulösen. Zur Kontrolle hat man

$$\left.\begin{aligned} x - x_b &= \frac{(y_b - y_a) - (x_b - x_a)\tan(AP)}{\tan(AP) - \tan(BP)} \\ y - y_b &= (x - x_b)\tan(BP). \end{aligned}\right\} \tag{7}$$

Steht eine *Doppelrechenmaschine* zur Verfügung, d. h. eine Rechenmaschine, die aus zwei Sprossenradmaschinen mit je einem Einstellwerk und Resultatwerk, aber gemeinsamem Umdrehungszählwerk besteht, so läßt sich die Rechnung noch stärker vereinfachen. Man bringt die beiden Gl. (5) in die Form

$$y = y_a + \tan(AP)(x_b - x_a) + \tan(AP)(x - x_b) \quad (8)$$

$$y = y_b \qquad\qquad + \tan(BP)(x - x_b) \quad (9)$$

und verifiziert die erste Gleichung im linken, die zweite Gleichung im rechten Werk folgendermaßen:

	links	rechts
Einstellen im U-Werk		x_a
„ „ E-Werk	$\tan(AP)$	
„ „ R-Werk	y_a	y_b
Umkurbeln des U-Werks auf		x_b
Einstellen im E-Werk		$\tan(BP)$
Gleichkurbeln der R-Werke	y	y

d. h. man hat das U-Werk so lange zu betätigen, bis in beiden R-Werken dieselbe Zahl, nämlich y, erscheint. Im U-Werk steht dann x*).

Zahlenbeispiel für eine einfache Rechenmaschine.

	y		x
Gegeben: A:	24681,92		90831,87
B:	24877,72		89251,09
$y_b - y_a = +$	195,80	$x_b - x_a = -$	1580,78
Aus Koord.: $(AA') = +$	324,6356 ^{g}	$(BB') =$	297,2785 ^{g}
Beobachtet: $+\varphi =$	331,6174	$+\psi =$	60,7510
$(AP) =$	256,2530	$(BP) =$	358,0295
$\tan(AP) =$	$+1{,}218621$	$\tan(BP) =$	$-0{,}774937$

$$\tan(AP) - \tan(BP) = +1{,}993558$$

$y - y_a = -$	629,13	$x - x_a = -$	516,27
$y =$	24052,79	$x =$	90315,60

*) Näheres siehe Ziff. 3 und 16 des Lit.-Verz.

44.3 Die Genauigkeit des Vorwärtseinschneidens ist abhängig von der Genauigkeit der Winkelmessung und von der Gestalt des Dreiecks ABP. Es sei m_r der mittlere Fehler der in A und B orientierten Richtungen, und es seien m_x und m_y die mittleren Fehler der Koordinaten des Neupunktes. Als Kriterium für die Güte der Punktbestimmung gelte der mittlere Punktfehler

$$M_P = \pm \sqrt{m_x^2 + m_y^2}\,.$$

Dann ergibt sich auf Grund des Fehlerfortpflanzungsgesetzes [Band I 14.4] mit den Bezeichnungen des Bildes 84 wegen $m_\alpha = m_\beta = m_r \sqrt{2}$

$$M_P = \pm \sqrt{\frac{a^2 + b^2}{{}^1\!/_2 \sin^2\gamma}} \cdot \frac{m_r}{\varrho}\,,$$

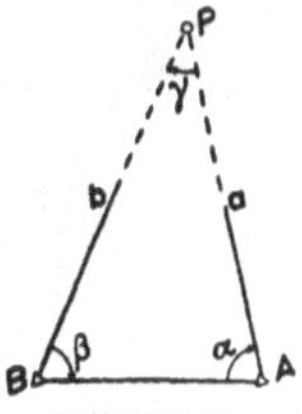

Bild 84.

wobei für den mittl. Richtungsfehler m_r der in 17.3 angegebene Wert M_r zu nehmen ist. M_P wird zum Minimum, wenn $\alpha = \beta$ ist und der Schnittwinkel γ der Bestimmungsstrahlen $121{,}6^g$ beträgt.*) Bei $\gamma \approx 0^g$ oder 200^g wird die Lösung unbestimmt.

45 Das Rückwärtseinschneiden

Gegeben sind in Bild 85 die drei Festpunkte A, M und B. Zur Bestimmung des Neupunktes P sind auf P die Winkel α und β gemessen. Gesucht sind die Koordinaten von P.

45.1 Die Kaestnersche Lösung. Um die Koordinaten von A und B auf P übertragen zu können, gebraucht man die Winkel φ und ψ. Vorbereitend errechnet man nach 32.3 aus den Koordinaten der gegebenen Punkte die Strecken $\overline{MA} = a$ und $\overline{MB} = b$ sowie ihre Richtungswinkel (MA) und (MB) und hat damit auch

$$\gamma = (MA) - (MB). \tag{1}$$

Zur Bestimmung von φ und ψ bilde man zunächst

$$ {}^1\!/_2(\varphi + \psi) = 200^g - {}^1\!/_2(\alpha + \beta + \gamma). \tag{2}$$

*) Vgl. Ziff. 12 des Lit.-Verz. S. 145/46.

Man geht nun darauf aus, $^1/_2(\varphi - \psi)$ kennenzulernen, und findet dazu an Hand der Figur

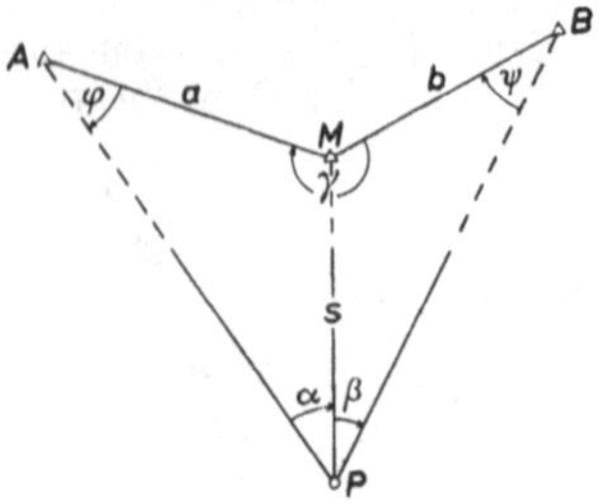

Bild 85.
Rückwärtseinschneiden nach Kaestner.

$$s = a\,\frac{\sin\varphi}{\sin\alpha} = b\,\frac{\sin\psi}{\sin\beta}$$

oder (3)

$$\frac{\sin\varphi}{\sin\psi} = \frac{b\sin\alpha}{a\sin\beta} = \frac{1}{\tan\mu}$$

worin μ ein Hilfswinkel ist. Die Anwendung der korrespondierenden Subtraktion und Addition auf die äußeren Glieder führt auf

$$\frac{\sin\varphi - \sin\psi}{\sin\varphi + \sin\psi} = \frac{1 - \tan\mu}{1 + \tan\mu} = \cot(50^g + \mu).$$

Daraus ergibt sich durch goniometrischen Übergang auf die halben Winkelsummen und -differenzen

$$\tan\frac{\varphi - \psi}{2} = \tan\frac{\varphi + \psi}{2}\cot(50^g + \mu). \tag{4}$$

Nach Aufschlagen des Arguments folgt aus (2) und (4)

$$\frac{\varphi + \psi}{2} + \frac{\varphi - \psi}{2} = \varphi; \qquad \frac{\varphi + \psi}{2} - \frac{\varphi - \psi}{2} = \psi. \tag{5}$$

Mit $(AP) = (AM) + \varphi; \quad (BP) = (BM) - \psi$ (6)

und $\overline{AP} = a\,\dfrac{\sin(\alpha + \varphi)}{\sin\alpha}; \quad \overline{BP} = b\,\dfrac{\sin(\beta + \psi)}{\sin\beta}$ (7)

lassen sich endlich nach den Gl. (4) der Ziff. 44.1 die Koordinaten von A nach P und zur Kontrolle von B nach P übertragen. Diese mathematisch elegante Lösung empfiehlt sich vor allem bei logarithmischer Berechnung.

45.2 Die Collinssche Lösung*) ist besonders durchsichtig. Sie eignet sich für die logarithmische und für die numerische Rechnung. Man denke sich dazu über die beiden Festpunkte A und B und den Neupunkt P einen Hilfskreis gelegt, der die Gerade PM oder ihre Verlängerung in dem „Collinsschen Hilfspunkt Q" schneidet. Dann treten die Winkel α und $(2\pi - \beta)$ als Peripheriewinkel über dem gleichen Bogen auch bei B und A auf, so daß der Punkt Q sich als Vorwärtseinschnitt über AB bestimmen läßt. Aus den Differenzen der Richtungswinkel von Q nach A, M und B errechnet man δ und ε. Da diese Winkel auch bei B und A auftreten, kann man den Neupunkt P von A und B aus vorwärts einschneiden. Damit ist der Rückwärtseinschnitt auf zwei Vorwärtseinschnitte zurückgeführt.

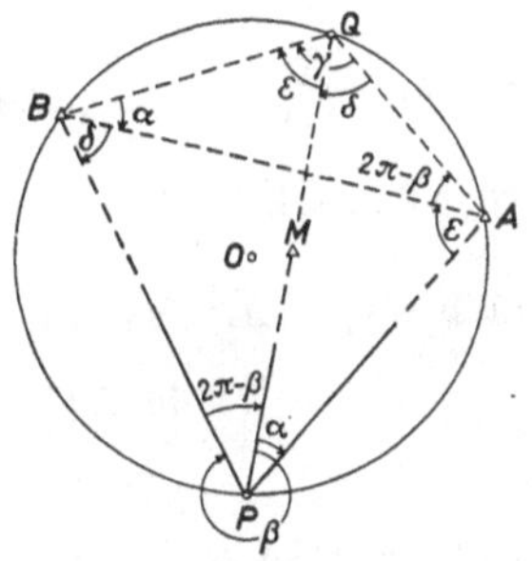

Bild 86. Rückwärtseinschneiden nach Collins.

Formelentwicklung:

(1) Berechnung von (AB) und $\overline{AB}$ nach 32.3 (2. Grundaufgabe)

(2) $(AQ) = (AB) - \beta$; $(BQ) = (AB) - \alpha \pm \pi$; $\gamma = \beta - \alpha \pm \pi$

(3) $\overline{AQ} = \overline{AB}\,\dfrac{\sin\alpha}{\sin\gamma}$ | $\overline{BQ} = \overline{AB}\,\dfrac{\sin(2\pi - \beta)}{\sin\gamma}$

(4) $y_q = y_a + \overline{AQ}\sin(AQ)$ | $x_q = x_a + \overline{AQ}\cos(AQ)$

$ = y_b + \overline{BQ}\sin(BQ)$ | $= x_b + \overline{BQ}\cos(BQ)$

---

*) Bei dieser Lösung (Bild 86) wähle man zunächst den Punkt M im Anhalt an Bild 85 und bezeichne von P nach M blickend rechtsläufig den ersten Festpunkt mit A, den zweiten mit B; ferner $\sphericalangle MPA$ mit α und $\sphericalangle MPB$ mit β (= Richtungsmessung). Die Formeln führen dann ohne Rücksicht auf die geometrischen Beziehungen für alle Punktlagen zu einem richtigen Ergebnis.

(5) Berechnung von (MQ) nach 32.3 (2. Grundaufgabe)

(6) $(AP) = (MQ) + \alpha \pm \pi;$ | $\delta = (MQ) - (AQ) = (BP) - (BA)$
$(BP) = (MQ) + \beta \pm \pi;$ | $\varepsilon = (BQ) - (MQ) = (AB) - (AP)$

Beachte: $\delta + \varepsilon = \gamma$; $\sin(2\pi - \beta + \alpha) = \sin(\pi - \gamma) = \sin\gamma$

(7) $\overline{AP} = \overline{AB}\,\dfrac{\sin\delta}{\sin\gamma}$ | $\overline{BP} = \overline{AB}\,\dfrac{\sin\varepsilon}{\sin\gamma}$

(8) $y = y_a + \overline{AP}\sin(AP)$ | $x = x_a + \overline{AP}\cos(AP)$
$= y_b + \overline{BP}\sin(BP)$ | $= x_b + \overline{BP}\cos(BP)$

Zahlenbeispiel:

	y	x	Beobachtet
Geg. M:	23231,58	91422,92	$\alpha = 96{,}8791^g$
A:	24681,92	90831,87	$\beta = 328{,}0176^g$
B:	23374,83	90179,61	

Ziffer			
(1)	$(AB) = 270{,}5333^g$	$(BA) = 70{,}5333^g$	$\overline{AB} = 1460{,}79$ m
(2)	$(AQ) = 342{,}5157^g$	$(BQ) = 373{,}6542^g$	$\gamma = 31{,}1385^g$
(3)	$\overline{AQ} = 3105{,}33$ m	$\overline{BQ} = 2812{,}80$ m	
(4)	$y_q = 22243{,}73$ m	$x_q = 92754{,}98$ m	
(5)	$(MQ) = 359{,}3771^g$	$(AP) = 256{,}2562^g$	$(BP) = 87{,}3947^g$
(6)	$\delta = 16{,}8614^g$	$\varepsilon = 14{,}2771^g$	$\delta + \varepsilon = 31{,}1385^g$
(7)	$\overline{AP} = 813{,}86$ m	$\overline{BP} = 691{,}42$ m	(soll γ)
(8)	$y = 24052{,}74$ m	$x = 90315{,}62$ m	

45.3 Die Cassinische Lösung — mit den gleichen Bezeichnungen wie bei Collins — ist besonders geeignet für das Maschinenrechnen. Um den Neupunkt P geometrisch festzulegen (Bild 87), denke man sich je einen Hilfskreis über die Punkte M, A, P und M, P, B gelegt und hat dann auf dem Schnittpunkt jedes Kreises mit seinem durch M gelegten Durchmesser die Cassinischen Hilfspunkte C und D.

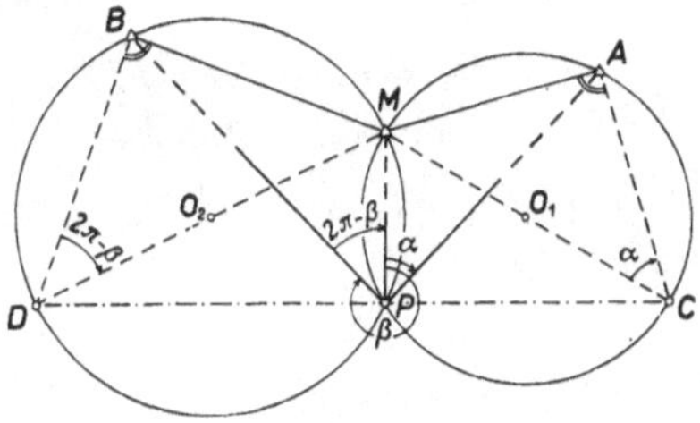

Bild 87. Rückwärtseinschneiden nach Cassini.

Wegen $\sphericalangle MPC = \sphericalangle DPM = 100^g$ ist der Neupunkt P der punkt des von M auf CD gefällten Lotes.

Bei der analytischen Lösung bestimmt man P als Linienschnitt der Geraden CD mit ihrer Normalen durch M nach Ziff. 36.2. Den Punkten P_1, P_2 und P_4 der Bilder 68a und b entsprechen hierbei die Punkte M, C und D des Bildes 87. Für C und D werden lediglich die Koordinatenunterschiede gegen M benötigt. Da die Winkel α und $(2\pi - \beta)$ auch bei C und D auftreten und $\sphericalangle CAM = \sphericalangle MBD = 100^g$ ist, hat man zur Bestimmung der Koordinatenunterschiede von C gegen M

$$\overline{AC} = \overline{AM} \cot \alpha; \; (AC) = (AM) - 100^g$$

$$y_c - y_a = \overline{AC} \sin(AC) = -\overline{AM} \cos(AM) \cot \alpha = (x_a - x_m) \cot \alpha,$$

und wenn man y_a nach rechts bringt und y_m abzieht,

$$y_c - y_m = (y_a - y_m) + (x_a - x_m) \cot \alpha. \tag{8a}$$

Ebenso ist:

$$\left.\begin{aligned} x_c - x_m &= (x_a - x_m) - (y_b - y_m)\cot\alpha \\ y_d - y_m &= (y_b - y_m) + (x_b - x_m)\cot\beta \\ x_d - x_m &= (x_b - x_m) - (y_b - y_m)\cot\beta \end{aligned}\right\} \quad (8b)$$

Daraus folgen wegen $\overline{MP} \perp \overline{CD}$ die Richtungskoeffizienten

$$\left.\begin{aligned} \tan(CD) &= \frac{(y_d - y_m) - (y_c - y_m)}{(x_d - x_m) - (x_c - x_m)} = m_2; \\ \tan(MP) &= m_1 = -\frac{1}{m_2}. \end{aligned}\right\} \quad (9)$$

Wenn man nun 36(5) in 36(3) einsetzt und beachtet, daß wegen $1:(m_1 - m_2) = m_1:(1 + m_1^2) = -m_2:(1 + m_2^2)$ ist, so erhält man mit den Koordinatenunterschieden (8) und den Richtungskoeffizienten (9)

$$\left.\begin{aligned} y - y_m &= \frac{(y_c - y_m) - m_2\,(x_c - x_m)}{1 + m_2^2}; \\ x - x_m &= -m_2(y - y_m) \end{aligned}\right\} \quad (10)$$

und zur Probe

$$\left.\begin{aligned} x - x_m &= \frac{(x_d - x_m) + m_1\,(y_d - y_m)}{1 + m_1^2}; \\ y - y_m &= m_1\,(x - x_m). \end{aligned}\right\} \quad (11)$$

Zahlenbeispiel: Mit den Ausgangsdaten des Zahlenbeispiels in 45.2 ist nach (8a) und (8b).

$$y_c - y_m = 1421{,}34; \quad x_c - x_m = 662{,}21;$$
$$y_d - y_m = 728{,}73; \quad x_d - x_m = 1175{,}85$$

Nach (9) $\tan(CD) = m_2 = +1{,}348435; \; 1 + m_2^2 = 2{,}818277$

$\tan(MP) = m_1 = -0{,}741601; \; 1 + m_1^2 = 1{,}549972$

Nach (10) u. (11) $y - y_m = +821{,}17 \quad x - x_m = -1107{,}30$

$y = 24052{,}75 \qquad x = 90315{,}62$

45.4 Die Genauigkeit des Rückwärtseinschneidens. Wenn der Neupunkt P auf dem durch die drei Festpunkte A, M, B gegebenen Kreis liegt, wird die Lösung unbestimmt. Man erkennt das sehr leicht: Bei Kaestner wird $\varphi + \psi = 200^g$, und dadurch ist in (4)

$$\tan\frac{\varphi - \psi}{2} = \tan\frac{\varphi + \psi}{2}\cot(\mu + 50^g) = \infty \cdot 0 .$$

Bei Collins fallen die Punkte M und Q und bei Cassini die beiden Hilfskreise zusammen. Der Kreis durch A, M und B wird daher als der gefährliche Kreis bezeichnet. Die Lösung wird bereits ungenau, wenn der Punkt P in der Nähe des gefährlichen Kreises liegt. Um das zu vermeiden, gehe man möglichst auf die im Bild 88 skizzierten Punktlagen aus.

Als Maß für die Genauigkeit eines Rückwärtseinschnittes dient der in 44.3 definierte mittlere Punktfehler. Unter Verzicht auf die fehlertheoretische Herleitung*) wird hier nur das Ergebnis mitgeteilt:

Man trage in einer maßstäblichen Zeichnung (Bild 89) auf den Bestimmungsstrahlen von P aus die reziproken Längen der drei Bestimmungsstrahlen $1/s_1 = r_1$, $1/s_2 = r_2$, $1/s_3 = r_3$ in beliebigem Maßstab ab, so daß das Reziproken-Hilfsdreieck $A'M'B'$ entsteht. Bezeichnet man dessen Seiten mit $\sigma_1, \sigma_2, \sigma_3$ und seinen Flächeninhalt mit Δ, so erhält man unter der Voraussetzung, daß im Neupunkt P Richtungen (nicht Winkel) beobachtet sind, deren mittlerer Fehler m_r gleich dem in 17.3 errechneten M_r ist, für das Quadrat des mittleren Punktfehlers den Ausdruck

$$M_p^2 = \frac{\sigma_1^2 + \sigma_2^2 + \sigma_3^2}{4\,\Delta^2} \cdot \frac{m_r^2}{\varrho^2} .$$

*) Vgl. Ziff. 12 des Lit.-Verz. S. 151/52.

Am günstigsten ist also eine Punktbestimmung, bei der die σ_i möglichst klein sind, Δ aber möglichst groß ist.

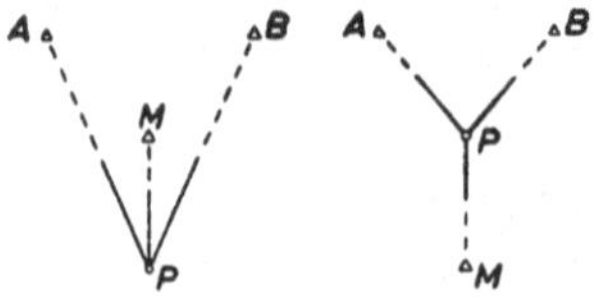

Bild 88.

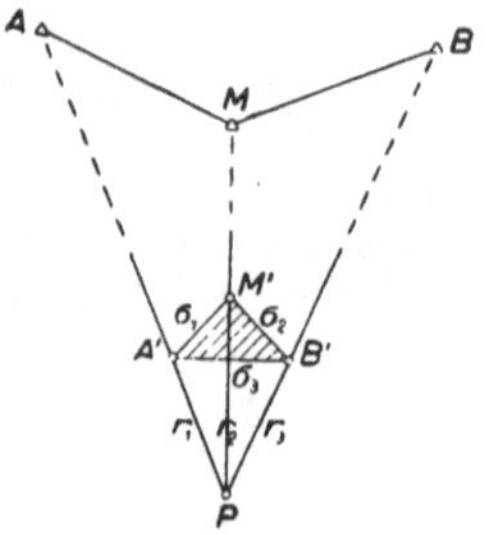

Bild 89. Reziprokes Hilfsdreieck.

46 Weitere Einschneideaufgaben

46.1 Das mehrfache Rückwärtseinschneiden. Gegeben sind die Festpunkte A, M und B; beobachtet sind die Winkel α_1, β_1, α_2, β_2, α_3, β_3; gesucht sind die Neupunkte P_1, P_2, P_3 im Bild 90.

Zur Ermittlung der Winkel φ und ψ errechnet man aus den Koordinaten von A, M und B den Winkel

$$\gamma = \gamma_1 + \gamma_2 + \gamma_3 + \gamma_4,$$

setzt $$\varphi + \psi = 4 \cdot 200^g - (\gamma + \alpha_1 + \beta_1 + \alpha_2 + \beta_2 + \alpha_3 + \beta_3)$$

$$\frac{\sin\varphi}{\sin\psi} = \frac{b}{a}\,\frac{\sin\beta_1 \sin\beta_2 \sin\beta_3}{\sin\alpha_1 \sin\alpha_2 \sin\alpha_3} = \frac{1}{\tan\mu}$$

und verfährt wie in 45.1 (4) bis (5). Mit φ und ψ können alle Winkel und Seiten der Figur berechnet und anschließend die Neupunkte koordiniert werden.

46.2 Die Aufgabe der beiden Punktpaare. Gegeben sind die beiden Festpunkte A und B; gemessen sind die Winkel α, β, γ und δ; gesucht sind die Neupunkte P_1 und P_2.

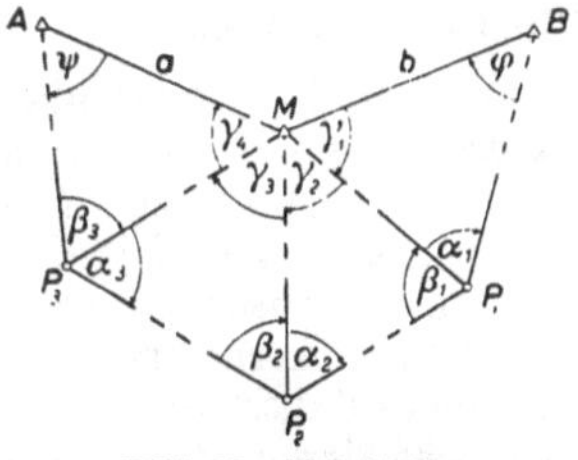

Bild 90. Mehrfaches Rückwärtseinschneiden.

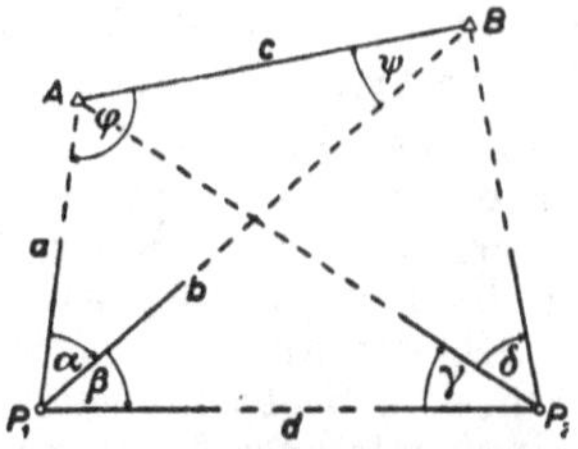

Bild 91. Aufgabe der Punktepaare Fall I.

An den in den Bildern 91 und 92 angenommenen Punktlagen seien zwei (von mehreren) Lösungen angedeutet. Im Falle des Bildes 91 geht man wieder auf die Winkel φ und ψ aus und ermittelt dazu zunächst $\varphi + \psi = 200^g - \alpha$. Alsdann bestimmt man mit

$$d = a\,\frac{\sin(\alpha+\beta+\gamma)}{\sin\gamma} = b\,\frac{\sin(\beta+\gamma+\delta)}{\sin(\gamma+\delta)} \text{ und } \frac{b}{a} = \frac{\sin\varphi}{\sin\psi}$$

den Hilfswinkel μ aus

$$\frac{\sin\varphi}{\sin\psi} = \frac{b}{a} = \frac{b}{d}\cdot\frac{d}{a} = \frac{\sin(\gamma+\delta)}{\sin(\beta+\gamma+\delta)}\cdot\frac{\sin(\alpha+\beta+\gamma)}{\sin\gamma} = \frac{1}{\tan\mu}$$

und fährt fort wie in 45.1.

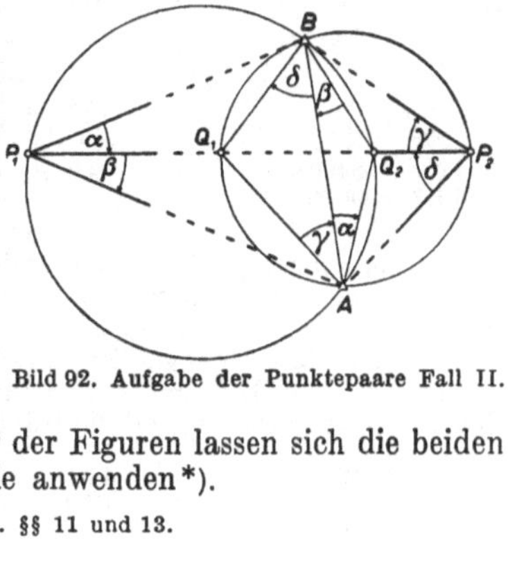

Bild 92. Aufgabe der Punktepaare Fall II.

Im Falle des Bildes 92 koordiniert man gemäß 45.2 zwei Collinssche Hilfspunkte Q_1 und Q_2, leitet daraus den Richtungswinkel $(Q_1Q_2) = (P_1P_2)$ ab und kann dann P_1 und P_2 durch Vorwärtsschnitt über AB berechnen. Bei entsprechender Bezeichnung der Figuren lassen sich die beiden Lösungen auf beide Fälle anwenden*).

*) Vgl. Ziff. 9a des Lit.-Verz. §§ 11 und 13.

47 Vereintes Vor- und Rückwärtseinschneiden

47.1 Die Messungsanordnung. Die Koordinatenbestimmung durch trigonometrisches Einschneiden muß durch Meß- und Rechenproben kontrolliert werden. Gegen Beobachtungsfehler, wie z. B. das Anzielen eines falschen Zieles oder Irrtümer bei der Entnahme der Ausgangsdaten, z. B. beim Abschreiben der Koordinaten, sichern nur überschüssige Beobachtungen. Man beobachte daher wenigstens eine zusätzliche Richtung und ermittele deren Richtungswinkel einerseits, indem man ihn mit Hilfe der beobachteten Richtungen an eine aus Koordinaten berechnete Richtung anschließt, anderseits zur Probe, indem man ihn nach 32.3 aus den Koordinaten vom Festpunkt und Neupunkt ableitet.

Der beste Schutz gegen Meß- und Rechenfehler und gleichzeitig eine günstige Punktbestimmung wird erreicht, wenn ein Punkt sowohl durch Vorwärtsschnitte oder äußere Richtungen wie durch Rückwärtsschnitte oder innere Richtungen bestimmt ist. In der geodätischen Praxis pflegt man mit 5—8 Bestimmungsstrahlen zu arbeiten.

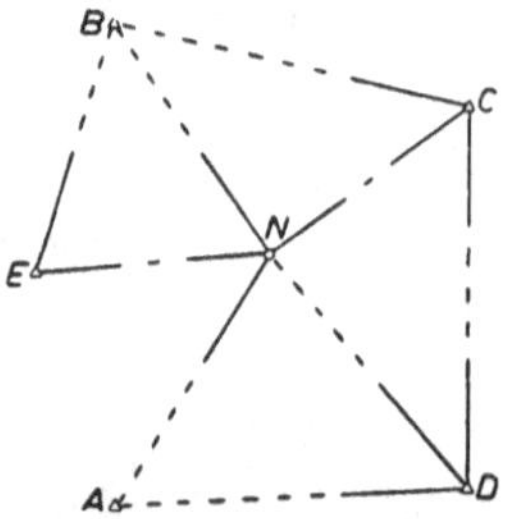

Bild 93. Vereintes Vor- und Rückwärtseinschneiden.

Als Beispiel diene der Neupunkt N im Bild 93. Er ist durch die 3 äußeren Richtungen auf C, D und E und durch die 4 inneren Richtungen nach A, E, B und C bestimmt. Da zur eindeutigen Punktbestimmung 2 Winkel oder 3 Richtungen genügen, sind 4 überschüssige Stücke vorhanden; infolgedessen entstehen Widersprüche, die nachstehend unter Verzicht auf eine formelle Ausgleichung*) durch ein zum Teil graphisches Abstimmungsverfahren**) verteilt werden. Dieses läßt sich in 5 Rechenschritte aufgliedern. Nachdem im 1. Schritt aus zwei sich günstig schneidenden äußeren Richtungen die Näherungskoordinaten x_0, y_0 für

*) Vgl. Ziff. 4 des Lit.-Verz. § 26.

**) Schenk, E., Eine vereinfachte halbgraphische Ausgleichung von Aufnahmepunkten. Allg. Verm.-Nachr. Jahrg. 1942, S.. 17ff.

den Neupunkt berechnet sind, gestalten die weiteren Schritte sich folgendermaßen:

47.2 Das Orientieren der beobachteten Richtungen hat den Zweck, die beobachteten Richtungssätze so zu drehen, daß der Nullstrahl jedes Satzes möglichst genau in die Richtung der Abszissenachse weist. Man berechnet dazu vorbereitend gemäß

Std. Pkt.	Ziel	Beob. Richtung r	Berechn. Richtung φ	$\varphi-r$ / $z=\frac{[\varphi-r]}{n}$	Orient. Richtung $r+z$	$v=(\alpha+d\alpha)-(r+z)$	vv
		g	g	g	g	cc	
N	C	0,0000	56,2525	56,2526	56,2560	-10^{+4}	36
	D	—	158,0294	—	—	—	
	A	202,2332	258,4903	56,2571	258,4892	$+\ 1^{+4}$	25
	E	231,1385	287,3975	56,2590	287,3945	$+\ 2^{+4}$	36
	B	303,1209	359,3763	56,2554	359,3769	-10^{+4}	36
			$z_N=$	56,2560		-17	
C	D	0,0000	192,1544	192,1544			
	N	64,0989			256,2531	$+18$	324
	B	132,4815	324,6356	192,1541			
			$z_C=$	192,1542			
D	A	0,0000	297,2785	297,2785			
	N	60,7510			358,0297	$+\ 2$	4
	C	94,8755	392,1544	297,2789			
			$z_D=$	297,2787			
E	B	0,0000	392,6972	392,6972			
	N	94,6962			87,3934	$+13$	169
			$z_E=$	392,6972			630

32.3 für die inneren Richtungen die „genäherten Richtungswinkel“ φ_{0i} vom Näherungspunkt x_0, y_0 zu den von N aus angezielten Festpunkten C, A, E und B und für die äußeren Richtungen die „Anschlußrichtungswinkel“ φ_i von den Standpunkten C, D und E nach den auf diesen angeschnittenen Festpunkten. Alsdann stellt man in dem Formblatt auf S. 129 die beobachteten Richtungen r_i und die berechneten Richtungswinkel φ_{0i} bzw. φ_i einander gegenüber und vermerkt in der nächsten Spalte die Unterschiede $(\varphi - r)$. Auf jedem der Punkte N, C, D und E bildet man das Mittel $[\varphi - r]/n = z$ — wobei n die Anzahl der auf dem betreffenden Punkt gebildeten $(\varphi - r)$ ist — und hat dann in z die „Orientierungsunbekannte des Nullstrahls“, die, zu den beobachteten Richtungen r hinzugefügt, die auf dem betreffenden Punkt „orientierten Richtungen“ $(r + z)$ ergibt.

47.3 Entwerfen der fehlerzeigenden Figur. Für jede der beobachteten Richtungen werden nun unten die orientierten inneren Richtungen und die um $\pm$ 200g geänderten orientierten äußeren Richtungen gemittelt. Man bildet alsdann die Differenzen $d\varphi_i$ der gemittelten Richtungen α_i gegen die aus Näherungskoordinaten erhaltenen Richtungswinkel φ_{0i} und errechnet mit Hilfe des Ansatzes $d_i = d\varphi_i \cdot s_i/\varrho$ das dem $d\varphi_i$ am Ort des Neupunktes entsprechende Bogenstück.

Ziel	Gemitt. Richtg. α	$d\varphi$ $\alpha - \varphi$	$d = \frac{d\varphi \cdot s}{\varrho}$	s	g	$p = \frac{g}{s^2}$	u	$d\alpha = \frac{u \cdot \varrho}{s}$	Endg. Richtg aus $\alpha + d\alpha$	Endg. Richtg aus Koord.
	g	cc	cm	km			cm	cc	g	cc
C	56,2546	+20	+2,5	0,8	2	3,1	+0,5	+ 4	56,2550	2549
D	158,0297	+ 3	+0,6	1,3	1	0,6	+0,5	+ 2	158,0299	0300
A	258,4892	—11	—3,3	1,9	1	0,3	+0,3	+ 1	258,4893	4894
E	287,3940	—35	—3,8	0,7	2	4,0	+0,7	+ 7	287,3947	3946
B	359,3769	+ 6	+1,3	1,4	1	0,5	—2,2	—10	359,3759	3758

$$y_0 = 24052{,}79 \qquad x_0 = 90315{,}60$$
$$dy = -0{,}01 \qquad dx = +0{,}03$$
$$y = 24052{,}78 \qquad x = 90315{,}63$$

$$m = \pm\sqrt{\frac{630}{7-3}} = \pm 13^{cc}$$

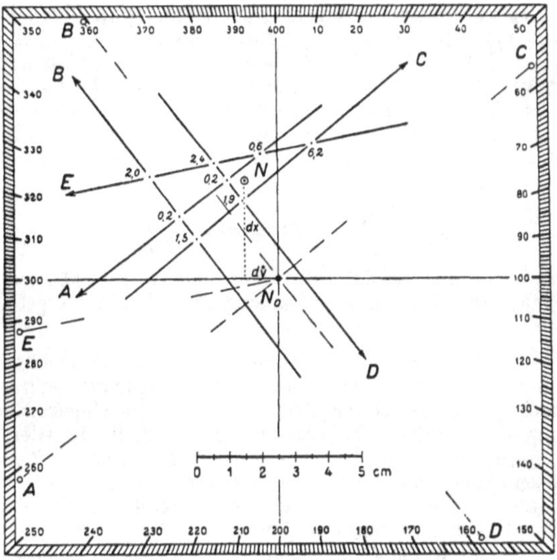

Dabei wird s_i in cm angesetzt, damit d_i ebenfalls in cm erhalten wird. Jede der gemittelten Richtungen erhält ein Gewicht $p_i = g/s_i^2$ wobei s_i nunmehr die Länge des Zielstrahls in km bedeutet und g bei einseitigen Beobachtungen gleich 1, bei zweiseitigen gleich 2 gesetzt wird.

Jetzt nimmt man, wie oben, ein mit einem Achsenkreuz und einer Winkeleinteilung versehenes Papier, in dem der Achsenschnitt die Näherungslage x_0, y_0 des Neupunktes darstellt, und zeichnet mit Hilfe der Randteilung die Richtungswinkel der einzelnen Bestimmungsstrahlen. Man zieht jedoch die den Richtungen entsprechenden Strahlen nicht durch, sondern versetzt sie parallel um den für die betreffende Richtung errechneten und im Maßstab der Figur zu nehmenden Abstand d_i, wobei das Vorzeichen von $d\varphi_i$ darüber entscheidet, ob ein Strahl — vom Festpunkt aus gesehen — links oder rechts am Näherungspunkt vorbeigehen muß.

47.4 Auswahl des günstigsten Punktes. In der Zeichnung werden nun die $\binom{n}{2}$ Schnitte der Bestimmungsstrahlen aufgesucht und mit Gewichten versehen. Ein aus den Strahlen

s_i und s_k unter dem Winkel φ_{ik} gebildeter Schnitt erhält das Gewicht $p_{ik} = p_i \cdot p_k \cdot \sin^2 \varphi_{ik}$, worin man genau genug $\sin^2 \varphi_{ik}$ bei $\varphi_{ik} > 50^g$ gleich 1, bei $50^g > \varphi_{ik} > 30^g$ gleich 0,5 und bei $\varphi_{ik} < 30^g$ gleich Null setzt. Die Gewichte berechnet man auf höchstens eine Dezimale und vermerkt sie in der Figur neben dem betreffenden Schnittpunkt. Die günstigste Punktlage ist das allgemeine arithmetische Mittel aller Schnittpunkte, das sich gemäß Band I 14.3 zu

$$x = \frac{[p_{ik} \cdot x_{ik}]}{[p_{ik}]} \; ; \quad y = \frac{[p_{ik} \cdot y_{ik}]}{[p_{ik}]}$$

ergibt. Wenn indessen äußerste Schärfe nicht verlangt wird oder die Fehlerfigur klein ist, kann die endgültige Punktlage geschätzt werden.

47.5 Probe- und Fehlerrechnung. Zur Verprobung der Rechnung greift man in der fehlerzeigenden Figur die senkrechten Abstände u_i des gewählten Neupunkts von den eingezeichneten Bestimmungsstrahlen α_i ab und ermittelt mit Hilfe der Gleichung $d\alpha_i = \varrho u_i / s_i$ die an den Bestimmungsrichtungen anzubringenden Verbesserungen. Dann errechnet man aus $\alpha_i + d\alpha_i$ einen ersten Wert und — gemäß 32.3 — aus den endgültigen Koordinaten des Neupunktes und denen der entsprechenden Festpunkte einen zweiten Wert für die endgültigen Richtungswinkel. Wenn beide Werte nicht mehr als etwa 5^{cc} voneinander abweichen, ist die Rechnung hinreichend gesichert.

Zur Berechnung des mittleren Fehlers einer beobachteten Richtung bildet man in der vorletzten Spalte der Seite 129 die Differenzen $v_i = (\alpha_i + d\alpha_i) - (r_i + z)$. Die für die inneren Richtungen gefundenen v_i reduziert man — indem man sie mit $-[v]/n$ verbessert — so, daß ihre Summe Null ergibt (vgl. die rechts oben neben dem v klein eingetragenen Reduktionsbeträge), und erhält dann mit den reduzierten v der inneren und den unveränderten v der äußeren Richtungen aus

$$m = \pm \sqrt{\frac{[vv]}{n-3}}$$

den gesuchten mittleren Fehler.

48 Grundlagen der Landesvermessung

Eine Landesvermessung [Band I, 11] umfaßt die Bestimmung eines Landesdreiecksnetzes, die Bestimmung eines Landeshöhennetzes, die Grundstücksvermessung und die topographische Aufnahme des Geländes.

Die Anlage eines Höhenfestpunktnetzes ist in Band I, 71 und 72, die einer Grundstücksvermessung in Band I, 31 angedeutet. Die topographische Aufnahme ist in Band III. 4 beschrieben. Über den Aufbau eines Landesdreiecksnetzes merke man folgendes:

48.1 Anlage eines Landesdreiecksnetzes. Ein Landesdreiecksnetz wird in mehreren Stufen angelegt, die als Ordnungen bezeichnet werden. In der I. Ordnung wird das Land mit einem Netz möglichst gleichseitiger Dreiecke mit Seiten von 30 bis 50 km Länge überzogen, die Hauptdreiecke oder Dreiecke I. Ordnung heißen. Als solche nimmt man gern Kirch- und Aussichtstürme; wo sie fehlen, werden hochgelegene Bodenpunkte gewählt und durch Granitpfeiler vermarkt.

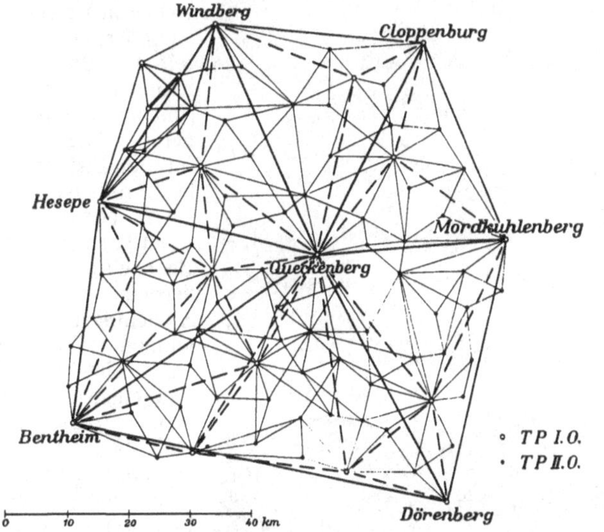

Bild 94. Landesdreiecksnetz.

Die Winkel in den Hauptdreiecken werden mit Theodoliten höchster Genauigkeit meistens mittels photographischer Registrierung auf Bruchteile einer Sekunde beobachtet. Als Stände für die Theodolite bei Turmbeobachtungen dienen Brüstungen oder aufgemauerte Pfeiler. Auf Bodenpunkten werden hölzerne oder eiserne Vermessungstürme (Signale) bis zu 30 m Höhe und mehr errichtet. Diese bestehen aus zwei ineinander geschachtelten Bauteilen, nämlich einem besonders festen inneren Turm, der für das Instrument bestimmt ist, und einem etwas leichteren Turm, der den Beobachter und außerdem — für die Anzielungen von anderen Ständen aus — eine Zieltafel und einen Leuchtstand trägt. Als Ziele dienen bei der Messung I. Ordnung allein die in den Leuchtständen der Nachbarpunkte auf-

Bild 95. Stahlturm.

gestellten künstlichen Lichter oder die sog. Heliotrope, die mit Hilfe eines Spiegelsystems das Sonnenlicht auf den Beobachter der anderen Station lenken. Die Winkel werden entweder in allen Kombinationen oder nach der Sektorenmethode beobachtet [17.5]. Nachteiligen Auswirkungen der Refraktion sucht man dadurch entgegenzuwirken, daß die Beobachtungen jedes einzelnen Winkels auf mehrere Tage mit unterschiedlichem Wetter verteilt und auch Nachtbeobachtungen vorgenommen werden. Alle Beobachtungen werden einer Stationsausgleichung unterworfen, die für jede Richtung den günstigsten Beobachtungswert ergibt.

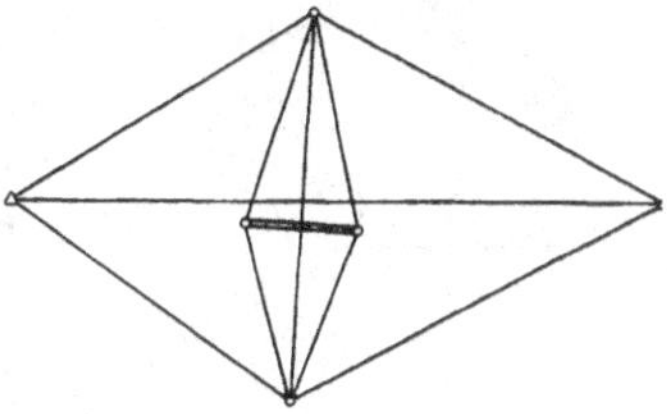

Bild 96. Basisvergrößerungsnetz.

Hauptdrecksseiten werden in Abständen von rd. 200 km meistens indirekt gemessen. Gewöhnlich mißt man mit Hilfe von Invardrähten [21.3] zuerst eine Basis von 5 bis 8 km mit einer relativen Genauigkeit von 1 : 1000000 und überträgt ihre Länge durch ein ebenfalls mit höchster Genauigkeit auszumessendes Basisvergrößerungsnetz auf eine Dreiecksseite.

Zur Orientierung des Hauptdreiecksnetzes auf dem Ellipsoid werden auf einigen ausgezeichneten Punkten des Netzes die geographische Breite, die geographische Länge und die Richtung des Meridians (Nordrichtung) durch astronomische Beobachtungen bestimmt.

Zur Verdichtung des durch die Hauptdreiecke gegebenen Rahmens werden nacheinander die Dreieckspunkte II. O. mit gegenseitigen Abständen von 10 bis 20 km, die Dreieckspunkte III. O. mit Abständen von 3 bis 10 km und die Dreieckspunkte IV. O. mit Abständen von 1 bis 3 km allein mit Hilfe von Richtungsmessungen eingeschaltet, und zwar überwiegend durch Einschneiden.

Die letzte Verdichtungsstufe sind die Polygonpunkte. Dreiecks- und Polygonpunkte bilden das Netz der Lagefestpunkte.

In jüngster Zeit bestimmt man die Punkte der III. und IV. O. auch polygonometrisch, wobei für die Streckenmessung das 100 m-Band [21. 2] oder mit besonderem wirtschaftlichen Vorteil das Geodimeter [25. 2] eingesetzt wird.

Mit dem Hiran-Verfahren [25. 4] werden neuerdings auch Streckennetze I. O. angelegt. Sie haben gegenüber den Winkelnetzen den Vorteil, daß bei ihnen außer der Form der Dreiecke zugleich auch deren Größe festgelegt wird. Sie bedürfen keiner besonderen Maßstabsbestimmung durch Basis und Vergrößerungsnetz. Andererseits ergeben 3 für ein Dreieck gemessene Seiten noch keine Probe, was bei 3 Winkeln der Fall ist. Deshalb haben Streckennetze zahlreiche sich kreuzende Seiten. Angewendet werden sie hauptsächlich für die geodätische Erschließung der wegen eines ungünstigen Klimas nur locker besiedelten Gebiete und zur Verbindung der kontinentalen Netze durch Streckenketten.

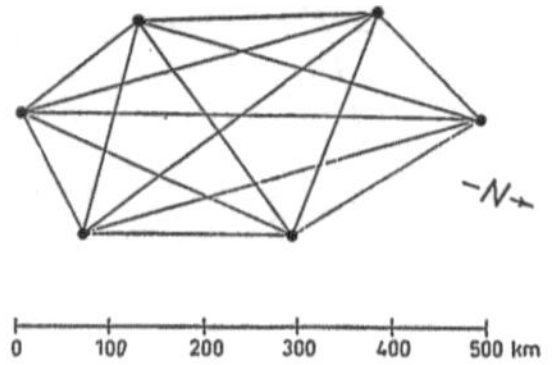

Bild 97. Hirannetz in Canada.

Die wirtschaftlichste Methode, in einem noch nicht vermessenen Lande ein fundamentales Festpunktnetz schnell zu schaffen, ist offenbar die Polygonierung I. O. mit 20 bis 30 km langen Seiten, weil dabei die Standpunkte nicht den freien Umblick nach allen Himmelsrichtungen zu gewähren brauchen. So hat man z. B. in Australien damit begonnen, den ganzen Kontinent mit einem Polygonnetz I. O. zu überziehen, bei dem die Winkel mit Theodolit und die Strecken mit Tellurometer [25.3] gemessen werden.

48.2 Berechnung eines Landesdreiecksnetzes. Die Berechnung der Dreiecke beginnt mit der — meistens sehr umfangreichen — Ausgleichung der Messungswidersprüche in den Hauptdreiecken. Aus den ausgeglichenen

Beobachtungen werden, ausgehend von den astronomisch bestimmten Punkten, mittels ellipsoidischer Rechnungen die Längen und Richtungen der Dreiecksseiten ermittelt. Mit Hilfe dieser Stücke werden für die Dreieckspunkte I. O. geographische Koordinaten gerechnet. Aus den geographischen Koordinaten werden sodann rechtwinklige Koordinaten abgeleitet [48.3 u. 48.4]. Im System der rechtwinkligen Koordinaten werden schließlich nacheinander die Punkte der II., der III. und der IV. O. nach der Methode des vereinten Vor- und Rückwärtseinschneidens eingeschaltet, wobei in der II. und III. O. die Krümmung der Erdoberfläche in Rechnung gestellt werden muß.

Systeme rechtwinkliger Koordinaten können nach verschiedenen Grundsätzen angeordnet werden. Die rechtwinkligen Koordinaten sollen nämlich nicht nur den Dreieckspunkten einen festen Platz auf dem Ellipsoid anweisen, sondern sie sollen gleichzeitig die Grundlage für eine ebene Abbildung im Maßstab 1 : 1 sein, die dem ellipsoidischen Urbild so ähnlich wie möglich ist. Mathematische Ähnlichkeit oder gar Kongruenz ist nicht erreichbar, weil das Ellipsoid in der Ebene nicht ohne Verzerrungen abgebildet werden kann. Man muß daher zu Verfahren greifen, die die genannten Forderungen wenigstens genähert erfüllen. Als geeignet haben sich dabei vor allem zwei Systeme rechtwinkliger Koordinaten erwiesen, nämlich das System des bayerischen Astronomen Soldner und das des Göttinger Mathematikers C. F. Gauß*).

48.3 Die Soldnerschen Koordinaten. Das Soldnersche System ist folgendermaßen definiert: Ein in der Mitte des Vermessungsgebiets liegender Hauptmeridian ist Abszissenachse und ein ausgezeichneter Punkt auf der Abszissenachse ist Koordinatenanfangspunkt. Die Ordinate eines Punktes P ist das ellipsoidische Lot von P auf die Abszissenachse, und die Abszisse von P ist der Meridianbogen vom Koordinatenanfangspunkt bis zum Ordinatenfußpunkt. Für

---

*) Näheres siehe Ziff. 5 des Lit.-Verz. §§ 24 bis 29.

die Abszissen gilt als positive Richtung die Nordrichtung, für die Ordinaten die Richtung nach Osten.

Wie Bild 98 zeigt, konvergieren die ellipsoidischen Ordinaten mit zunehmender Entfernung vom Hauptmeridian. In der Nachbarschaft des Hauptmeridians ist die Konvergenz jedoch absolut betrachtet so gering, daß zwei Ordinatenlinien, die am Hauptmeridian 1 km voneinander entfernt sind, einander in 64 km Abstand vom Hauptmeridian erst um 5 cm genähert haben.

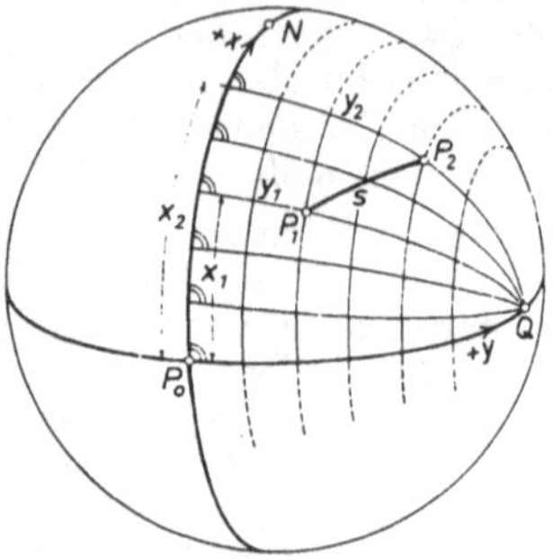

Bild 98.
Soldnersches Koordinatensystem.

Darauf gründet sich folgendes Abbildungsverfahren: Man bildet den ellipsoidischen Hauptmeridian unter Wahrung seiner Länge auf der Abszissenachse eines ebenen kartesischen Systems ab und trägt die ellipsoidischen Ordinaten in ihrer wahren Länge auf den ebenen Ordinaten ab. Dabei nimmt man in Kauf, daß die ellipsoidischen Abszissenunterschiede mit zunehmender Entfernung vom Hauptmeridian immer stärker gedehnt werden. Damit aber die Dehnung den Betrag von 5 cm je 1 km keinesfalls überschreitet, beschränkt man die Soldnerschen Systeme auf 64 km beiderseits des Hauptmeridians und ordnet bei größerer Ausdehnung des Vermessungsgebiets mehrere Systeme nebeneinander an.

Das Soldnersche Verfahren ist bei vielen der größtenteils noch aus dem 19. Jahrhundert stammenden deutschen Katastervermessungen zur Anwendung gelangt. Es hat den Vorteil großer Einfachheit. Nachteilig ist jedoch, daß als Folge der Dehnung an den Rändern der Systeme die Richtungen von 1 km langen Dreiecksseiten Verschwenkungen bis zu 5″ oder 15^{cc} erleiden können. Da dieser Betrag größer ist als die Beobachtungsungenauigkeit, muß er bei der Triangulierung I. bis III. O. berücksichtigt werden. Störend ist ferner, daß an den Rändern der Systeme häufig Koordinatentransformationen [49] erforderlich werden.

48.4 Die Gaußschen Koordinaten. Um die Nachteile der Soldnerschen Abbildung zu vermeiden, hat C. F. Gauß für die von ihm geleitete hannoversche Landesvermessung (1822—1847) das Verfahren der konformen (winkeltreuen) Abbildung entwickelt. Hierbei werden die Richtungsverzerrungen fast ganz vermieden; außerdem läßt sich mit ebenen Rechnungen eine wesentlich größere Fläche als bei Soldner in einem System erfassen. Der Grundgedanke ist sehr einfach: Bei der Soldnerschen Abbildung wird die Verzerrung des Richtungswinkels α einer abzubildenden Strecke dadurch verursacht, daß beim Übergang in die Ebene (gestrichelte Lage) nur der Abszissenunterschied der Endpunkte gedehnt wird. Gauß dehnt den Ordinatenunterschied in demselben Verhältnis wie den Abszissenunterschied und erreicht damit, daß α ungeändert bleibt. Da dies indessen streng nur im Differentiellen gilt, setzt die Dehnung sich längs der ganzen Ordinate kontinuierlich fort, so daß zur

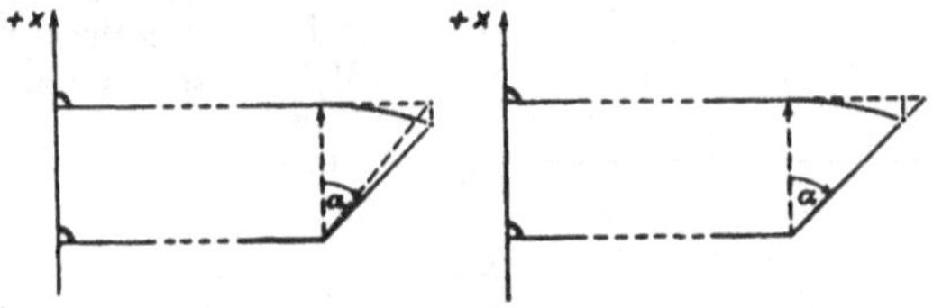

Bild 99.
Soldnersches Gaußsches
Differentialdreieck.

Berechnung der Gaußschen Ordinate y_G aus der Soldnerschen Ordinate y_S über den Dehnungsbetrag integriert werden muß. Die Integration ergibt, wenn unter r der Krümmungshalbmesser des Ellipsoids verstanden wird, die Gebrauchsformel

$$y_G = y_S + \frac{y_s^3}{6r^2}.$$

Die Soldnerschen Abszissen werden unverändert beibehalten.

Die Winkelverzerrung ist bei Gauß so weit behoben, daß die Richtung einer 1 km-Strecke in 200 km Abstand vom Hauptmeridian beim Übergang in die Ebene nur um 1^{cc} verfälscht wird. Dieser große Vorteil wird allerdings dadurch erkauft, daß alle Strecken bei der Abbildung vergrößert werden, und zwar um so mehr, je weiter sie vom Hauptmeridian entfernt sind. Der Vergrößerungsfaktor m für eine Strecke mit der Mittelordinate y_m ist

$$m = 1 + \frac{y_m^2}{2r^2}.$$

In der nebenstehenden Tafel sind in der 1. Spalte runde Soldnerordinaten eingetragen und in der 2. Spalte die Zuschläge, die diese Ordinaten bei Gauß unter 50° Breite erhalten. In der 3. Spalte ist angegeben, um wieviel cm eine 1 km-Strecke gedehnt wird, wenn ihre Mittelordinate die in der 1. Spalte angegebene Größe hat. Diese Dehnungsbeträge bringt man zweckmäßig an den Polygonseiten an, wenn man im Gaußschen System Polygonzüge berechnet.

y_s	$y_s^3 : 6r^2$	Dehnung auf 1 km
km	m	cm
10	0,00	0,1
20	0,03	0,5
30	0,11	1,1
40	0,26	2,0
50	0,51	3,1
60	0,88	4,4
70	1,40	6,0
80	2,10	7,9
90	2,98	9,9
100	4,09	12,3
150	13,81	27,6
200	32,75	49,1

Gauß selbst hat über sein Abbildungsverfahren keine zusammenhängende Darstellung hinterlassen. Das hat zu Beginn dieses Jahrhunderts Prof. Dr. L. Krüger, Abteilungsvorsteher im Geodätischen Institut in Potsdam, nachgeholt. Ihm zu Ehren werden die Gaußschen Koordinaten in Deutschland als Gauß-Krüger-Koordinaten bezeichnet. Im Ausland heißen sie meistens Transversale Merkator-Koordinaten.

48.5 Die Gauß-Krügerschen Meridianstreifensysteme. Um von der Vielzahl der Soldnerschen Systeme loszukommen, werden die deutschen Landesvermessungen seit dem Jahre 1927 allmählich auf Gauß-Krüger umgestellt. Es wurden Systeme mit den Hauptmeridianen 6°, 9°, 12°, 15° und 18° östlich von Greenwich als Abszissenachsen eingerichtet. Jedes System hat nach beiden Seiten eine Ausdehnung von 2 Längengraden (rd. 130 km), so daß zwei

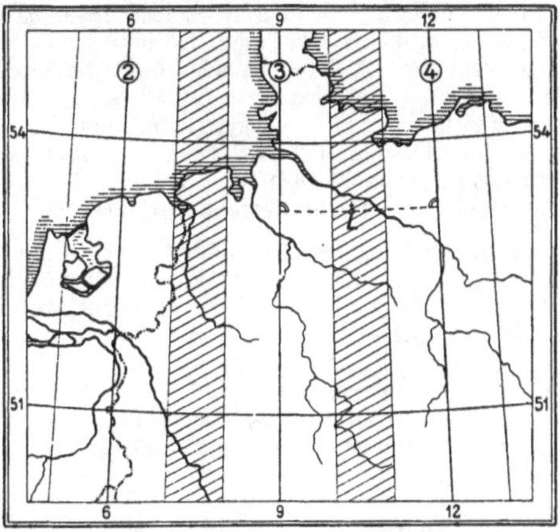

Bild 100. Gauß-Krügersche Meridianstreifensysteme.

benachbarte Systeme sich mit einem 1° breiten Streifen überdecken, in dem die Dreieckspunkte in beiden Systemen berechnet werden. Die Meridianstreifensysteme sind folgendermaßen eingerichtet: Die Gaußschen Ordinaten erhalten, damit negative Werte vermieden werden, einen Zuschlag von 500000 m, vor den als Kennziffer die durch 3 geteilte Längengradzahl des Hauptmeridians gesetzt wird. Diese vergrößerten Ordinaten heißen Rechtswerte. Die Abszissen werden auf dem Hauptmeridian vom Äquator an gezählt und als Hochwerte bezeichnet.

Mit diesen Bezeichnungen hat die Michaelis-Kirche in Lüneburg folgende Gauß-Krüger-Koordinaten:

Im System des 9. Längengrades
Hoch = 5902863,21 Rechts = 3593571,20.

Im System des 12. Längengrades
Hoch = 5903137,40 Rechts = 4393360,64.

Also ist im ersten System der Ordinatenfußpunkt 5902863,21 m vom Äquator entfernt; die Kirche selbst liegt ostwärts des 9. Längengrades, und ihre Gaußsche Ordinate ist + 93571,20 m lang. Im System des 12. Längengrades liegt der Ordinatenfußpunkt 5903137,40 m nördlich des Äquators, und die Kirche selbst liegt westlich des 12. Längengrades mit der Gaußschen Ordinate — 106639,36 m. Bei täglichem Gebrauch werden, solange Verwechslungen nicht zu befürchten sind, die beiden ersten Ziffern der Hoch- und Rechtswerte weggelassen.

Durch die Begrenzung der Meridianstreifensysteme auf praktisch $1^1/_2$ Längengrad oder rund 100 km beiderseits des Hauptmeridians wird die in 48.4 angegebene Streckenvergrößerung so gering gehalten (maximal 12 cm auf 1 km), daß sie in den meisten praktischen Fällen nicht beachtet zu werden braucht. Bei Feinmessungen und Feinabsteckungen muß sie in Rechnung gestellt werden, wobei zu beachten ist, daß die aus Gaußschen Koordinaten errechnete Strecke immer länger ist als die auf dem Ellipsoid.

49 Koordinatentransformation

An den Rändern zweier Koordinatensysteme tritt vielfach die Aufgabe auf, Punkte, die in einem System gegeben sind, in das Nachbarsystem zu überführen. Die Lösung ist einfach, wenn zwei Ausgangspunkte A und E in beiden Systemen bekannt sind. Zur Unterscheidung seien die Koordinaten des ersten Systems mit ξ, η, die des zweiten Systems mit x, y bezeichnet. Die Aufgabe lautet dann: Gegeben sind zwei Punkte A und E sowohl im $\xi\eta$-System wie im xy-System und die Punkte $P_1, P_2 \ldots P_i$ nur im $\xi\eta$-System. Gesucht sind die Punkte $P_1, P_2 \ldots P_i$ im xy-System.

Zur Lösung setze man

$$\begin{aligned} \xi_e - \xi_a &= \Delta\xi; \quad \eta_e - \eta_a = \Delta\eta \\ x_e - x_a &= \Delta x; \quad y_e - y_a = \Delta y. \end{aligned} \tag{1}$$

Dann ist nach Bild 101

$$\begin{aligned} \Delta y &= \Delta\xi \sin\varepsilon + \Delta\eta \cos\varepsilon \\ \Delta x &= \Delta\xi \cos\varepsilon - \Delta\eta \sin\varepsilon. \end{aligned} \tag{2}$$

Daraus folgt, wenn man die erste Gleichung mit $\Delta\xi$, die zweite mit $-\Delta\eta$ multipliziert und die Summe bildet,

$$\sin\varepsilon = \frac{\Delta\xi\Delta y - \Delta\eta\Delta x}{\Delta\xi^2 + \Delta\eta^2} = o, \tag{3}$$

und wenn die Multiplikatoren ausgetauscht werden,

$$\cos\varepsilon = \frac{\Delta\eta\Delta y + \Delta\xi\Delta x}{\Delta\xi^2 + \Delta\eta^2} = a. \tag{4}$$

o und a sind die Transformationskonstanten. Mit ihrer Hilfe können die Punkte P_1, $P_2 \ldots P_i$ aus dem $\xi\eta$-System in das xy-System folgendermaßen transformiert werden: Man bilde im $\xi\eta$-System fortlaufend die Koordinatenunterschiede

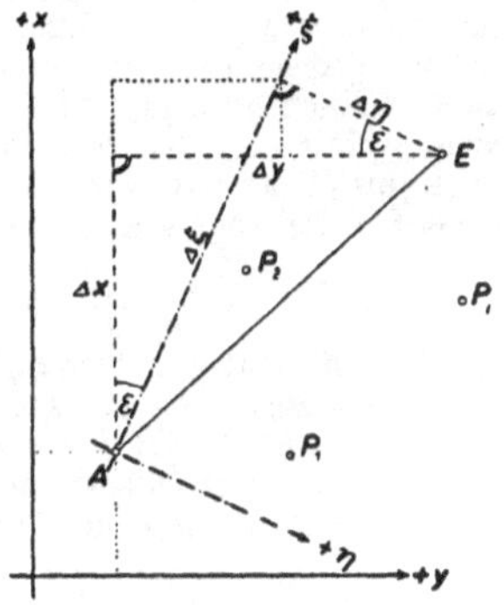

Bild 101. Koordinatentransformation.

$$\eta_i - \eta_{i-1} = \Delta\eta_i; \qquad \xi_i - \xi_{i-1} = \Delta\xi_i \tag{5}$$

und erhält damit auf Grund der aus (2) folgenden Transformationsgleichungen

$$\begin{aligned} \Delta y_i &= + o\,\Delta\xi_i + a\Delta\eta_i \\ \Delta x_i &= + a\Delta\xi_i - o\,\Delta\eta_i \end{aligned} \tag{6}$$

die entsprechenden Koordinatenunterschiede im xy-System. Diese werden, beginnend in $A(x_a y_a)$, in der für (5) gewählten Reihenfolge von Punkt zu Punkt aufaddiert und ergeben damit die xy-Koordinaten der Punkte P_1, $P_2 \ldots P_i$.

Im Laufe der Rechnung bieten sich mehrfach Summenproben an, die der Leser leicht erkennen wird. Die Schlußprobe besteht darin, daß nach dem Bilden und Aufaddieren der letzten Koordinatenunterschiede Δy_e und Δx_e die Sollkoordinaten y_e und x_e herauskommen müssen.

Diese Formeln gelten streng nur in einem ebenen kartesischen Koordinatensystem. Sie können aber auch, sofern der Abstand der Punkte A und E 2 km nicht überschreitet und eine Ungenauigkeit von 1—2 cm hingenommen wird, zur Transformation in ein System benutzt werden, das gegenüber dem Ausgangssystem einen geringen Maßstabsunterschied aufweist. Dann ist, wenn v ein Faktor ist, der den Maßstabsunterschied kennzeichnet, in (2) bis (4) anstelle von $\sin \varepsilon$ und $\cos \varepsilon$ zu schreiben $v \sin \varepsilon$ und $v \cos \varepsilon$. Oder anders ausgedrückt, o und a haben die Bedeutung

$$o = v \sin \varepsilon; \qquad a = v \cos \varepsilon. \tag{7}$$

Die Transformationsformeln (5) und (6) ändern sich nicht. Doch lassen sich zusätzlich aus den in beiden Systemen bekannten Koordinaten von A und E neben den im allgemeinen nicht interessierenden Unterschieden der Koordinatennullpunkte noch der Maßstabsfaktor v und der Drehungswinkel ε errechnen; nämlich

$$v = \frac{\sqrt{\Delta x^2 + \Delta y^2}}{\sqrt{\Delta \xi^2 + \Delta \eta^2}} \quad \text{und} \quad \tan \varepsilon = \frac{v \sin \varepsilon}{v \cos \varepsilon} = \frac{o}{a}. \tag{8}$$

Bei einer Transformation dieser Art bleibt das transformierte System dem Ausgangssystem ähnlich (Ähnlichkeitstransformation). Dieser Fall tritt insbesondere dann auf, wenn an den Grenzen zweier Gauß-Krüger-Systeme Ausschnitte aus den beiden Systemen, die unterschiedliche Abstände von ihrem zugehörigen Hauptmeridian und daher auch unterschiedliche Vergrößerungsfaktoren [48.4] haben, ineinander transformiert werden müssen. Der Fall kann ferner auftreten, wenn Punkte, die früher in einem älteren Koordinatensystem bestimmt waren, in ein darüber gelegtes neueres System eingeordnet werden sollen. Das nachfolgende Beispiel behandelt eine Transformation zwischen zwei Gauß-Krüger-Systemen.

Zahlenbeispiel: Mit den im Formblatt S. 145 gegebenen Koordinaten von A und E berechnet man vorbereitend nach (1) bis (4) $o = 0{,}041925$ und $a = 0{,}999128$. Die Transformation nach (5) und (6) wird im Formblatt vorgenommen.

Pkt. Nr.	$\xi\ \eta$-System		$x\ y$-System	
	η_i $\Delta\eta$	ξ_i $\Delta\xi$	y $+ o \cdot \Delta\xi$ $+ a \cdot \Delta\eta$	x $+ a \cdot \Delta\xi$ $- o \cdot \Delta\eta$
A	97319,35	98802,06	96935,27	98922,55
	+1019,64	− 215,37	− 9,03 +1018,75	− 215,18 − 42,75
P_1	98338,99	98586,69	97944,99	98664,62
	− 420,68	+ 951,32	+ 39,88 − 420,31	+ 950,49 + 17,64
P_2	97918,31	99538,01	97564,56	99632,75
	+ 940,50	+ 179,53	+ 7,53 + 939,68	+ 179,37 − 39,43
E	98858,81	99717,54	98511,77	99772,69
Σ Pr.	+1539,46	+ 915,48	+1576,50	+ 850,14

Zusatz: Rechenautomaten. Die geodätischen Rechnungen im Teil 3 und 4 dieses Buches sind auf einfache Handrechenmaschinen abgestellt. Sind umfangreiche Berechnungen gleicher Art wiederholt durchzuführen, so empfehlen sich programmgesteuerte Rechenautomaten*).

Die jeweils allgemein zu formulierende Aufgabe muß in einer der Rechenanlage verständlichen Rechenanweisung, dem Programm, abgefaßt sein. Das Programm enthält den vollständigen Rechenweg, aufgegliedert in eine logische Folge von elementaren Rechenschritten wie Addition, Subtraktion, Multiplikation und Division, sodann von Lese- und Schreibbefehlen zum Einlesen und Ausgeben der Daten sowie von Laufanweisungen für zyklische Berechnungen und schließlich von bedingten Sprunganweisungen, die die weitere Berechnung vom Wert eines Zwischenergebnisses abhängig machen. Das Programmieren im eigentlichen Maschinen-

*) Vgl. u. a. Linkwitz: Elektronisches Rechnen im Vermessungswesen. Allg. Verm.-Nachrichten 1965, S. 176.

code ist sehr mühsam; die Arbeit läßt sich jedoch beträchtlich erleichtern mit den „problemorientierten" Programmsprachen, z. B. Fortran und Algol 60. Mit ihrer Hilfe läßt das Programm sich aufstellen in Anlehnung an die Formelsprache der Mathematik und an Worte der Umgangssprache. Wenn für den jeweiligen Maschinentyp dann noch ein Algol-Übersetzerprogramm existiert, so kann man das Algolprogramm bequem in den jeweiligen Maschinencode umwandeln. Für die meisten Aufgaben und Maschinentypen gibt es sogar schon „Programmbibliotheken".

Die Rechenautomaten unterscheidet man hinsichtlich ihrer Speicherkapazität, ihrer Rechengeschwindigkeit und ihrer Ein- und Ausgabegeschwindigkeit der Rechenwerte. Kleinere Maschinen, wie die LGP 21 und die Zuse Z 11 haben eine geringe Speicherkapazität und „langsame" Rechengeschwindigkeit. Wegen ihrer verhältnismäßig geringen Kosten eignen sie sich besonders für kleinere Betriebe. Größere Unternehmungen, wie z. B. die Landesvermessungsämter, bevorzugen mittlere Anlagen wie die Zuse Z 22, Z 23, Z 25 oder die IBM 1620 und 1401, denen sowohl die Daten wie die Programme über Lochkarten, Lochstreifen oder Magnetband zugeführt werden. Solche Anlagen haben eine große Speicherkapazität und rechnen auch umfangreiche Programme sehr schnell durch.

Neuere Lehr- und Handbücher (Auswahl)

1. *Ackerl, F.:* Geodäsie und Photogrammetrie. Verlag G. Fromme, Wien. 1. Teil 1950; 2. Teil 1956.
2. *Deumlich, F.* u. *M. Seyfert:* Instrumentenkunde der Vermessungstechnik. VEB Verlag Bauwesen Berlin. 2. Aufl. 1963.
3. *Eggert-Klietsch:* Geodätische Rechnungen mittels der Rechenmaschine. Verlag Konrad Wittwer, Stuttgart. 3. Aufl. 1954.
4. *Großmann, W.:* Grundzüge der Ausgleichungsrechnung. Springer-Verlag, Berlin-Göttingen-Heidelberg, 2. Aufl. 1961.
5. *Großmann, W.:* Geodätische Rechnungen und Abbildungen. Verlag Konrad Wittwer, Stuttgart. 2. Aufl. 1964.
6. *von Gruber, O.:* Optische Streckenmessung und Polygonierung. Herbert Wichmann Verlag, Berlin. 2. Aufl. 1955.
7. *Harbert, E.:* Vermessungskunde. Verlag H. Wichmann, Liebenwerda-Berlin. Band I, 4. Aufl. 1948, Band II, 2. Aufl. 1948.
8. *Heckelmann, A.:* Praktische Vermessungskunde. Essen 1950.

9. *Jordan-Eggert-Kneißl*: Handbuch der Vermessungskunde. 10. Aufl. Metzlersche Verlagsbuchhandlung in Stuttgart.
   a) Band II „Feld- und Landmessung; Absteckungsarbeiten". 1963.
   b) Band III „Höhenmessung und Tachymetrie". 1956.
   c) Band VI „Die Entfernungsmessung mit elektromagnetischen Wellen . . .". Bearbeitet von K. Rinner und F. Benz. 1966.
10. *Jung, F. R.*: Vermessungstechnik in Hütte Bd. V. Verlag W. Ernst und Sohn. 28. Aufl. 1955.
11. *Lehmann, G.*: Vermessungskunde in Schleicher, Taschenbuch für Bauing. Teil II. Springer-Verlag 2. Aufl. 1955.
12. *Näbauer, M.*: Vermessungskunde. Springer-Verlag. Berlin-Göttingen-Heidelberg. 3. Aufl. 1949.
13. *Ramsayer, K.*: Grundriß der Vermessungskunde. Verlag Konrad Wittwer, Stuttgart 1955.
14. *Volquardts, G. u. H.*: Feldmessen. Teubnersche Verlagsgesellschaft, Stuttgart.
    Teil 1, 21. Aufl. 1964; Teil 2, 10. Aufl. 1963.
15. *Wittke, H.*: Geodätische Briefe. Hanseatische Verlagsanstalt, Hamburg. 3. Aufl. 1958.
16. *Wittke, H.*: Die Rechenmaschine und ihre Rechentechnik. H. Wichmann Verlag, Bad Liebenwerda-Berlin. 2. Aufl. 1948.
17. *Zill, W.*: Vermessungskunde für Bauingenieure, 3. Auflage, Leipzig 1963.

Sachverzeichnis

Skalen-
theodolit Th 4

Richard Finsterwalder

Photogrammetrie

2., verbesserte und erweiterte Auflage. Mit 40 Abbildungen und 17 Tabellen, 2 Anaglyphen-Bildern und einer rotgrünen Betrachtungsbrille.
Oktav. 377 Seiten. 1952. Ganzleinen DM 32,—

In diesem Buch finden die große photogrammetrische Praxis und vor allem die reichen Erfahrungen in der topographischen und morphologischen Auswertung photogrammetrischer Aufnahmen und ihrer kartographischen Darstellung, über die der Verfasser wie kaum ein anderer verfügt, ihren Niederschlag.
Die umfassende, klare, von vielen Abbildungen unterstützte Darstellung wird jedem, der sich über Fragen der Theorie der Bildmessung oder ihrer praktischen Anwendung orientieren will, ein willkommener Ratgeber sein.
Allgemeine Vermessungs-Nachrichten, Karlsruhe

Gerhard Lehmann

Photogrammetrie

2., neubearbeitete Auflage. Mit 136 Abbildungen. 205 Seiten. 1966. DM 5,80 (Sammlung Göschen Band 1188/1188a)

... Lehmann gelingt es in dem Buch in vortrefflicher Weise, einen Überblick und einen ersten Einblick in das Gesamtgebiet der Photogrammetrie nach ihrem heutigen Stand zu geben; es kann jedem empfohlen werden, der irgendwie mit Photogrammetrie zu tun hat. Dies kann ebensosehr mit Rücksicht auf den so gediegenen Inhalt und die so zweckmäßige Darstellung des Buchs ausgesprochen werden.
Zeitschrift f. Vermessungswesen, Stuttgart

Walter de Gruyter & Co · Berlin 30

SAMMLUNG GÖSCHEN

GESAMTVERZEICHNIS

Jeder Band DM 3,60 · Doppelband DM 5,80
Dreifachband DM 7,80

Herbst 1966

WALTER DE GRUYTER & CO · BERLIN 30

Inhaltsübersicht

Geisteswissenschaften

Philosophie

Einführung in die Philosophie von *H. Leisegang †*. 6. Auflage. 146 Seiten. 1966. (281)
Hauptprobleme der Philosophie von *G. Simmel †*. 8., unveränderte Auflage. 177 Seiten. 1964. (500)
Geschichte der Philosophie
I: Die griechische Philosophie von *W. Capelle*. 1. Teil. Von Thales bis Leukippos. 3., erweiterte Auflage. Etwa 135 Seiten. 1966. (857)
II: Die griechische Philosophie von *W. Capelle*. 2. Teil. Von der Sophistik bis zum Tode Platons. 3., stark erweiterte Auflage. Etwa 144 Seiten. 1966. In Vorbereitung (858)
III: Die griechische Philosophie von *W. Capelle*. 3. Teil. Vom Tode Platons bis zur Alten Stoa. 2., stark erweiterte Auflage. 132 Seiten. 1954. (859)
IV: Die griechische Philosophie von *W. Capelle*. 4. Teil. Von der Alten Stoa bis zum Eklektizismus im 1. Jh. v. Chr. 2., stark erweiterte Auflage. 132 Seiten. 1954. (863)
V: Die Philosophie des Mittelalters von *J. Koch*. In Vorbereitung. (826)
VI: Von der Renaissance bis Kant von *K. Schilling*. 234 Seiten. 1954. (394/394a)
VII: Immanuel Kant von *G. Lehmann*. In Vorbereitung. (536)
VIII: Die Philosophie des 19. Jahrhunderts von *G. Lehmann*. 1. Teil. 151 Seiten. 1953. (571)
IX: Die Philosophie des 19. Jahrhunderts von *G. Lehmann*. 2. Teil. 168 Seiten. 1953. (709)
X: Die Philosophie im ersten Drittel des 20. Jahrhunderts 1. Teil von *G. Lehmann*. 128 Seiten. 1957. (845)
XI: Die Philosophie im ersten Drittel des 20. Jahrhunderts 2. Teil von *G. Lehmann*. 114 Seiten. 1960. (850)
Die geistige Situation der Zeit (1931) von *K. Jaspers*. 6. Abdruck der im Sommer 1932 bearbeiteten 5. Auflage. 211 Seiten. 1965. (1000)
Erkenntnistheorie von *G. Kropp*.
1. Teil: Allgemeine Grundlegung. 143 Seiten. 1950. (807)
Formale Logik von *P. Lorenzen*. 3., durchgesehene und erweiterte Auflage. 184 Seiten. 1966. (1176/1176a)
Philosophisches Wörterbuch von *M. Apel †*. 5., völlig neu bearbeitete Auflage von *P. Ludz*. 315 Seiten. 1958. (1031/1031a)
Philosophische Anthropologie. Menschliche Selbstdeutung in Geschichte und Gegenwart von *M. Landmann*. 2., durchgesehene Auflage. 223 Seiten. 1964. (156/156a)

Pädagogik, Psychologie, Soziologie

Geschichte der Pädagogik von *Herm. Weimer* 17. Auflage von *Heinz Weimer*. 184 Seiten. 1967. (145/145a)
Therapeutische Psychologie. Ihr Weg durch die Psychoanalyse von *W. M. Kranefeldt*. Mit einer Einführung von *C. G. Jung*. 3. Auflage. 152 Seiten. 1956. (1034)

Allgemeine Psychologie von *Th. Erismann* †. 4 Bände.
I: Grundprobleme. 3. Auflage. 146 Seiten. 1965. (831)
II: Grundarten des psychischen Geschehens. 2., neubearbeitete Auflage. 248 Seiten. 1959. (832/832a)
III: Experimentelle Psychologie und ihre Grundlagen. 1. Teil. 2., neubearbeitete Auflage. 112 Seiten, 7 Abbildungen. 1962. (833)
IV: Experimentelle Psychologie und ihre Grundlagen. 2. Teil. 2., neubearbeitete Auflage. 199 Seiten, 20 Abbildungen. 1962. (834/834a)

Soziologie. Geschichte und Hauptprobleme von *L. von Wiese*. 7. Auflage. 176 Seiten. 1964. (101)

Ideengeschichte der sozialen Bewegung des 19. und 20. Jh. von *W. Hofmann*. 243 Seiten. 1962. (1205/1205a)

Sozialpsychologie von *P. R. Hofstätter*. 2. Auflage. 191 Seiten, 18 Abbildungen. 1964. (104/104a)

Psychologie des Berufs- und Wirtschaftslebens von *W. Moede* †. 190 Seiten, 48 Abbildungen. 1958. (851/851a)

Industrie- und Betriebssoziologie von *R. Dahrendorf*. 3. Auflage. 142 Seiten. 3 Figuren. 1965. (103)

Wirtschaftssoziologie von *F. Fürstenberg*. 122 Seiten. 1961. (1193)

Einführung in die Sozialethik von *H.-D. Wendland*. 144 S. 1963. (1203)

Religion

Jesus von *M. Dibelius* †. 4. Auflage, mit einem Nachtrag von *W. G. Kümmel*. 140 Seiten. 1966. (1130)

Paulus von *M. Dibelius* †. Nach dem Tode des Verfassers herausgegeben und zu Ende geführt von *W. G. Kümmel*. 3., durchgesehene Auflage. 156 Seiten. 1964. (1160)

Luther von *F. Lau*. 2., verbesserte Auflage. 153 Seiten. 1966 (1187)

Melanchthon von *R. Stupperich*. 139 Seiten. 1960. (1190)

Zwingli von *F. Schmidt-Clausing*. 119 Seiten. 1965. (1219)

Sören Kierkegaard. Leben u. Werk von *H. Gerdes*. 134 Seiten. 1966. (1221)

Einführung in die Konfessionskunde der orthodoxen Kirchen von *K. Onasch*. 291 Seiten. 1962. (1197/1197a)

Geschichte des christlichen Gottesdienstes von *W. Nagel*. 215 Seiten. 1962. (1202/1202a)

Geschichte Israels. Von den Anfängen bis zur Zerstörung des Tempels (70 n.Chr.) von *E. L. Ehrlich*. 2. Aufl. 1966. In Vorbereitung. (231/231a)

Römische Religionsgeschichte von *F. Altheim*. 2 Bände. 2., umgearbeitete Auflage.
I: Grundlagen und Grundbegriffe. 116 Seiten. 1956. (1035)
II: Der geschichtliche Ablauf. 164 Seiten. 1956. (1052)

Die Religion des Buddhismus von *D. Schlingloff*. 2 Bände.
I: Der Heilsweg des Mönchstums. 122 Seiten, 11 Abbildungen, 1 Karte. 1962. (174)
II: Der Heilsweg für die Welt. 129 Seiten, 9 Abbildungen, 1 Karte. 1963. (770)

Musik

Musikästhetik von *H. J. Moser.* 180 Seiten. Mit zahlreichen Notenbeispielen. 1953. (344)

Systematische Modulation von *R. Hernried.* 2. Auflage. 136 Seiten. Mit zahlreichen Notenbeispielen. 1950. (1094)

Der polyphone Satz von *E. Pepping.* 2 Bände.
I: Der cantus-firmus-Satz. 2. Auflage. 233 Seiten. Mit zahlreichen Notenbeispielen. 1950. (1148)
II: Übungen im doppelten Kontrapunkt und im Kanon. 137 Seiten. Mit zahlreichen Notenbeispielen. 1957. (1164/1164a)

Allgemeine Musiklehre von *H. J. Moser.* 2., durchgesehene Auflage. 155 Seiten. Mit zahlreichen Notenbeispielen. 1955. (220/220a)

Harmonielehre von *H. J. Moser.* 2 Bände.
I: 109 Seiten. Mit 120 Notenbeispielen. 1954. (809)
II: In Vorbereitung. (810)

Die Musik des 19. Jahrhunderts von *W. Oehlmann.* 180 Seiten. 1953. (170)

Die Musik des 20. Jahrhunderts von *W. Oehlmann.* 312 Seiten. 1961. (171/171a)

Technik der deutschen Gesangskunst von *H. J. Moser.* 3., durchgesehene und verbesserte Auflage. 144 Seiten, 5 Figuren sowie Tabellen und Notenbeispiele. 1954. (576/576a)

Die Kunst des Dirigierens von *H. W. von Waltershausen †.* 2., vermehrte Auflage. 138 Seiten. Mit 19 Notenbeispielen. 1954. (1147)

Die Technik des Klavierspiels aus dem Geiste des musikalischen Kunstwerkes von *K. Schubert †.* 3. Auflage. 110 Seiten. Mit Notenbeispielen. 1954. (1045)

Kunst

Stilkunde von *H. Weigert.* 2 Bände. 3., durchgesehene und ergänzte Auflage.
I: Vorzeit, Antike, Mittelalter. 136 Seiten, 94 Abbildungen. 1958. (80)
II: Spätmittelalter und Neuzeit. 150 Seiten, 88 Abbildungen. 1958. (781)

Archäologie von *A. Rumpf.* 3 Bände.
I: Einleitung, historischer Überblick. 143 Seiten, 6 Abbildungen, 12 Tafeln. 1953. (538)
II: Die Archäologensprache. Die antiken Reproduktionen. 136 Seiten. 7 Abbildungen, 12 Tafeln. 1956. (539)
III: In Vorbereitung. (540)

Geschichte

Einführung in die Geschichtswissenschaft von *P. Kirn.* 4., durchgesehene Auflage. 127 Seiten. 1963. (270)

Einführung in die Zeitgeschichte von *B. Scheurig.* 101 Seiten. 1962. (1204)

GEISTESWISSENSCHAFTEN

Zeitrechnung der römischen Kaiserzeit, des Mittelalters und der Neuzeit für die Jahre 1—2000 n. Chr. von *H. Lietzmann †*. 3. Auflage, durchgesehen von *K. Aland*. 130 Seiten. 1956. (1085)

Kultur der Urzeit von *F. Behn*. 3 Bände. 4. Auflage der Kultur der Urzeit Bd. 1—3 von *M. Hoernes*.

I: Die vormetallischen Kulturen. (Die Steinzeiten Europas. Gleichartige Kulturen in anderen Erdteilen.) 172 Seiten, 48 Abbildungen. 1950. (564)

II: Die älteren Metallkulturen. (Der Beginn der Metallbenutzung, Kupfer- und Bronzezeit in Europa, im Orient und in Amerika.) 160 Seiten, 67 Abbildungen. 1950. (565)

III: Die jüngeren Metallkulturen. (Das Eisen als Kulturmetall, Hallstatt-Latène-Kultur in Europa. Das erste Auftreten des Eisens in den anderen Weltteilen.) 149 Seiten, 60 Abbildungen. 1950. (566)

Vorgeschichte Europas von *F. Behn*. Völlig neue Bearbeitung der 7. Auflage der „Urgeschichte der Menschheit" von *M. Hoernes*. 125 Seiten, 47 Abbildungen. 1949. (42)

Der Eintritt der Germanen in die Geschichte von *J. Haller †*. 3. Auflage, durchgesehen von *H. Dannenbauer*. 120 Seiten, 6 Kartenskizzen. 1957. (1117)

Von den Karolingern zu den Staufern. Die altdeutsche Kaiserzeit (900—1250) von *J. Haller †*. 4., durchgesehene Auflage von *H. Dannenbauer*. 142 Seiten, 4 Karten. 1958. (1065)

Von den Staufern zu den Habsburgern. Auflösung des Reichs und Emporkommen der Landesstaaten (1250 —1519) von *J. Haller †*. 2., durchgesehene Auflage von *H. Dannenbauer*. 118 Seiten, 6 Kartenskizzen. 1960. (1077)

Deutsche Geschichte im Zeitalter der Reformation, der Gegenreformation und des dreißigjährigen Krieges von *F. Hartung*. 2., durchgesehene Auflage. 128 Seiten. 1963. (1105)

Deutsche Geschichte von 1648—1740. Politischer und geistiger Wiederaufbau von *W. Treue*. 120 Seiten. 1956. (35)

Deutsche Geschichte von 1713—1806. Von der Schaffung des europäischen Gleichgewichts bis zu Napoleons Herrschaft von *W. Treue*. 168 Seiten. 1957. (39)

Deutsche Geschichte von 1806—1890. Vom Ende des alten bis zur Höhe des neuen Reiches von *W. Treue*. 128 Seiten. 1961. (893)

Deutsche Geschichte von 1890 bis zur Gegenwart von *W. Treue*. In Vorbereitung. (894)

Quellenkunde der Deutschen Geschichte im Mittelalter (bis zur Mitte des 15. Jahrhunderts) von *K. Jacob †*. 3 Bände.

I: Einleitung. Allgemeiner Teil. Die Zeit der Karolinger. 6. Auflage, bearbeitet von *H. Hohenleutner*. 127 Seiten. 1959. (279)

II: Die Kaiserzeit (911-1250). 5. Auflage, neubearbeitet von *H. Hohenleutner*. 141 Seiten. 1961. (280)

III: Das Spätmittelalter (vom Interregnum bis 1500). Herausgegeben von *F. Weden*. 152 Seiten. 1952. (284)

Geschichte Englands von *H. Preller.* 2 Bände.
I: bis 1815. 4., stark umgearbeitete Auflage. Etwa 135 Seiten, 7 Stammtafeln, 2 Karten. 1966. Im Druck. (375)
II: Von 1815 bis 1910. 2., völlig umgearbeitete Auflage. 118 Seiten, 1 Stammtafel, 7 Karten. 1954. (1088)

Römische Geschichte von *F. Altheim.* 4 Bände. 2., verbesserte Auflage.
I: Bis zur Schlacht bei Pydna (168 v. Chr.). 124 Seiten. 1956. (19)
II: Bis zur Schlacht bei Actium (31 v. Chr.). 129 Seiten, 1956. (677)
III: Bis zur Schlacht an der Milvischen Brücke (312 n. Chr.). 148 Seiten. 1958. (679)
IV: Bis zur Schlacht am Yarmuk (636 n. Chr.). In Vorbereitung. (684)

Geschichte der Vereinigten Staaten von Amerika von *O. Graf zu Stolberg-Wernigerode.* 192 Seiten, 10 Karten. 1956. (1051/1051a)

Deutsche Sprache und Literatur

Geschichte der Deutschen Sprache von *H. Sperber.* 5., neubearbeitete Auflage von *P. von Polenz.* 136 Seiten. 1966. (915)

Deutsches Rechtschreibungswörterbuch von *M. Gottschald †.* 2., verbesserte Auflage. 269 Seiten. 1953. (200/200a)

Deutsche Wortkunde. Kulturgeschichte des deutschen Wortschatzes von *A. Schirmer.* 5. Auflage von *W. Mitzka.* 125 Seiten. 1965. (929)

Deutsche Sprachlehre von *W. Hofstaetter.* 10. Auflage. Völlige Umarbeitung der 8. Auflage. 150 Seiten. 1960. (20)

Stimmkunde für Beruf, Kunst und Heilzwecke von *H. Biehle.* 111 Seiten. 1955. (60)

Redetechnik. Einführung in die Rhetorik von *H. Biehle.* 2., erweiterte Auflage. 151 Seiten. 1961. (61)

Grundlagen der Sprecherziehung von *J. Jesch* 1966. In Vorbereitung (1122/1122a)

Deutsches Dichten und Denken von der germanischen bis zur staufischen Zeit von *H. Naumann †.* (Deutsche Literaturgeschichte vom 5.—13. Jahrhundert.) 3., verbesserte Auflage. 1966. (1121)

Deutsches Dichten und Denken vom Mittelalter zur Neuzeit von *G. Müller* (1270 bis 1700). 3., durchgesehene Auflage. 159 Seiten. In Vorbereitung. (1086)

Deutsches Dichten und Denken von der Aufklärung bis zum Realismus (Deutsche Literaturgeschichte von 1700—1890) von *K. Viëtor †.* 3., durchgesehene Auflage. 159 Seiten. 1958. (1096)

Deutsche Heldensage von *H. Schneider.* 2. Auflage, bearbeitet von *R. Wisniewski.* 148 Seiten. 1964. (32)

Der Nibelunge Nôt in Auswahl. Mit kurzem Wörterbuch herausgegeben von *K. Langosch.* 11., durchgesehene Auflage. 166 Seiten. 1966. (1)

Kudrun und Dietrich-Epen in Auswahl mit Wörterbuch von *O. L. Jiriczek.* 6. Auflage, bearbeitet von *R. Wisniewski.* 173 Seiten. 1957. (10)

Wolfram von Eschenbach. Parzifal. Eine Auswahl mit Anmerkungen und Wörterbuch von *H. Jantzen.* 3. Auflage, bearbeitet von *H. Kolb.* 128 Seiten. 1966. (921)

Hartmann von Aue. Der arme Heinrich nebst einer Auswahl aus der „Klage" dem „Gregorius" und den Liedern (mit einem Wörterverzeichnis) herausgegeben von *F. Maurer.* 96 Seiten. 1958. (18)

Gottfried von Straßburg. Tristan und Isolde in Auswahl herausgegeben von *F. Maurer.* 2. Auflage. 142 Seiten. 1965. (22)

Die deutschen Personennamen von *M. Gottschald †.* 2., verbesserte Auflage. 151 Seiten. 1955. (422)

Althochdeutsches Elementarbuch. Grammatik und Texte von *H. Naumann †* und *W. Betz.* 4., verbesserte und vermehrte Auflage. 183 Seiten. 1966. (1111/1111a)

Mittelhochdeutsche Grammatik von *H. de Boor* und *R. Wisniewski.* 4., verbesserte und ergänzte Auflage. 150 Seiten. 1965. (1108)

Indogermanisch, Germanisch

Indogermanische Sprachwissenschaft von *H. Krahe.* 2 Bände.
- I: Einleitung und Lautlehre. 5. Auflage. 110 Seiten. 1966. (59)
- II: Formenlehre. 4., neubearbeitete Auflage. 100 Seiten. 1963. (64)

Sanskrit-Grammatik mit sprachvergleichenden Erläuterungen von *M. Mayrhofer.* 2., völlig neu bearbeitete Auflage. 110 Seiten. 1965. (1158/1158a)

Altirische Grammatik von *J. Pokorny.* 2. Auflage. In Vorbereitung. (896

Gotisches Elementarbuch. Grammatik. Texte mit Übersetzung und Erläuterungen von *H. Hempel.* 4., neubearbeitete Auflage. 169 Seiten. 1966. (79/79a)

Altnordisches Elementarbuch. Einführung, Grammatik, Texte (zum Teil mit Übersetzung) und Wörterbuch von *F. Ranke.* 3., völlig umgearb. Auflage vo n*D. Hofmann.* Etwa 180 Seiten. 1967. Im Druck. (1115/1115a)

Germanische Sprachwissenschaft von *H. Krahe.* 3 Bände.
- I: Einleitung und Lautlehre. 6. Auflage. 147 Seiten. 1966. (238)
- II: Formenlehre. 5., verbesserte Auflage. 149 Seiten. 1965. (780)
- III: Wortbildungslehre von *W. Meid.* Etwa 240 Seiten. 1966. (1218/1218a/1218b)

Englisch, Romanisch

Altenglisches Elementarbuch. Einführung, Grammatik, Texte mit Übersetzung und Wörterbuch von *M. Lehnert.* 6., verbesserte Auflage. 178 Seiten. 1965. (1125)

Mittelenglisches Elementarbuch von *H. Weinstock.* 1967. In Vorbereitung (1226/1226a)

Historische neuenglische Laut- und Formenlehre von *E. Ekwall.* 4., verbesserte Auflage. 150 Seiten. 1965. (735)

Englische Phonetik von *H. Mutschmann †.* 2. Auflage, bearbeitet von *G. Scherer.* 127 Seiten. 1963. (601)

Englische Literaturgeschichte von *F. Schubel.* 4 Bände.
- I: Die alt- und mittelenglische Periode. 163 Seiten. 1954. (1114)
- II: Von der Renaissance bis zur Aufklärung. 160 Seiten. 1956. (1116)
- III: Romantik und Viktorianismus. 160 Seiten. 1960. (1124)

Beowulf von *M. Lehnert*. Eine Auswahl mit Einführung, teilweiser Übersetzung, Anmerkungen und etymologischem Wörterbuch. 4., verbesserte Auflage. 135 Seiten. 1966. (1135)

Shakespeare von *P. Meißner †*. 2. Auflage, neubearbeitet von *M. Lehnert*. 136 Seiten. 1954. (1142)

Romanische Sprachwissenschaft von *H. Lausberg*. 4 Bände.
I: Einleitung und Vokalismus. 2., durchgesehene Auflage. 211 Seiten. 1963. (128/128a)
II: Konsonantismus. 2. Auflage. 1966. Im Druck. (250)
III: Formenlehre. 1. Teil. 99 Seiten. 1962. (1199)
III: Formenlehre. 2. Teil. S. 99—260. 1962. (1200/1200a)
IV: Wortlehre. In Vorbereitung. (1208)

Griechisch, Lateinisch

Griechische Sprachwissenschaft von *W. Brandenstein*. 3 Bände.
I: Einleitung, Lautsystem, Etymologie. 160 Seiten. 1954. (117)
II: Wortbildung und Formenlehre. 192 Seiten. 1959. (118/118a)
III: Syntax I. Einleitung. Die Flexibilien. 145 Seiten. 1966. (924/924a)

Geschichte der griechischen Sprache. 2 Bände
I: Bis zum Ausgang der klassischen Zeit von *O. Hoffmann †*. 3. Auflage, bearbeitet von *A. Debrunner †*. 156 Seiten. 1953. (111)
II: Grundfragen und Grundzüge des nachklassischen Griechisch von *A. Debrunner †*. 144 Seiten. 1954. (114)

Geschichte der griechischen Literatur von *W. Nestle*. 2 Bände. 3. Auflage, bearbeitet von *W. Liebich*.
I: 144 Seiten. 1961. (70)
II: 149 Seiten. 1963. (557)

Grammatik der neugriechischen Volkssprache von *J. Kalitsunakis*. 3., wesentlich erweiterte und verbesserte Auflage. 196 Seiten. 1963. (756/756a)

Neugriechisch-deutsches Gesprächsbuch von *J. Kalitsunakis*. 2. Auflage, bearbeitet von *A. Steinmetz*. 99 Seiten. 1960. (587)

Geschichte der lateinischen Sprache von *F. Stolz* und *A. Debrunner †*. 4., stark umgearbeitete Auflage von *W. P. Schmid*. 145 Seiten. 1966. (492/492a)

Geschichte der römischen Literatur von *L. Bieler*. 2., verbesserte Auflage. 2 Bände.
I: Die Literatur der Republik. 160 Seiten. 1965. (52)
II: Die Literatur der Kaiserzeit. 133 Seiten. 1965. (866)

Orientalistik, Slavistik

Die Keilschrift von *B. Meissner*. 3. Auflage, neubearbeitet von *K. Oberhuber*. Etwa 150 Seiten. 1966. (708/708a/708b)

Die Hieroglyphen von *A. Erman*. 3. Auflage, neu bearbeitet von *O. Krückmann*. 1966. In Vorbereitung. (608/608a/608b)

Hebräische Grammatik von *R. Meyer.* 3 Bände.
I: Einleitung, Schrift- und Lautlehre. 3., neubearbeitete Auflage. 120 Seiten. 1966. (763/763a/763b)
II: Formenlehre und Flexionstabellen. 3. Auflage. In Vorbereitung. (764/764a/764b)
III: Satzlehre. In Vorbereitung (765/765a/765b)

Hebräisches Textbuch zu *G. Beer-R. Meyer,* Hebräische Grammatik von *R. Meyer.* 170 Seiten. 1960. (769/769a)

Slavische Sprachwissenschaft von *H. Bräuer.* 2 Bände.
I: Einleitung, Lautlehre. 221 Seiten. 1961. (1191/1191a)

Vergleichende Geschichte der slavischen Literaturen von *D. Tschižewskij.* 2 Bände. 1966. In Vorbereitung.
I: Einführung. Anfänge des slavischen Schrifttums bis zum Klassizismus. (1222/1222a)
II: Romantik bis zur Moderne. (1223/1223a)

Russische Grammatik von *E. Berneker †.* 6., verbesserte Auflage von *M. Vasmer †.* 155 Seiten. 1961. (66)

Polnische Grammatik von *N. Damerau.* Etwa 140 Seiten. 1967. (942/942a)

Erd- und Länderkunde, Kartographie

Afrika von *F. Jaeger.* Ein geographischer Überblick. 2 Bände. 3. Auflage.
I: Der Lebensraum. 179 Seiten, 18 Abbildungen. In Vorbereitung. (910)
II: Mensch und Kultur. 155 Seiten, 6 Abbildungen. In Vorbereitung. (911)

Australien und Ozeanien von *H. J. Krug.* 176 Seiten, 46 Skizzen. 1953. (319)

Kartographie von *V. Heissler.* 2. Auflage. 213 Seiten, 125 Abb., 8 Anlagen. 1966. (30/30a)

Volkswirtschaft, Statistik, Publizistik

Allgemeine Betriebswirtschaftslehre von *K. Mellerowicz.* 4 Bände. 11. und 12., durchgesehene Auflage.
I: 224 Seiten. 1964. (1008/1008a)
II: 188 Seiten. 1966. (1153/1153a)
III: 260 Seiten. 1963. (1154/1154a)
IV: 209 Seiten. 1963. (1186/1186a)

Allgemeine Volkswirtschaftslehre von *A. Paulsen.* 4 Bände.
I: Grundlegung, Wirtschaftskreislauf. 7. Auflage. 159 Seiten, 11 Abbildungen. 1966. (1169)
II: Haushalte, Unternehmungen, Marktformen. 7. Auflage. 172 Seiten, 31 Abbildungen. 1966. (1170)
III: Produktionsfaktoren. 5. Auflage. 198 Seiten, 24 Abbildungen. 1966. (1171)
IV: Gesamtbeschäftigung, Konjunkturen, Wachstum. 4., neubearbeitete und ergänzte Auflage. 188 Seiten. 1966. (1172)

Übungsaufgaben mit Lösungen zur Allgemeinen Volkswirtschaftslehre I/II von *A. Paulsen* von *W. Wedig.* Etwa 160 Seiten. 1966. (1227/1227a)

Geschichte der Volkswirtschaftslehre von *S. Wendt*. 182 S. 1961. (1194)

Allgemeine Volkswirtschaftspolitik von *H. Ohm*. 2 Bände.

I: Systematisch-Theoretische Grundlegung. 2., verbesserte und ergänzte Auflage. 137 Seiten, 6 Abbildungen. 1965. (1195)

II: Der volkswirtschaftliche Gesamtorganismus als Objekt der Wirtschaftspolitik. In Vorbereitung. (1196)

Finanzwissenschaft von *H. Kolms*. 4 Bände.

I: Grundlegung, Öffentliche Ausgaben. 3., verbesserte Auflage. 165 Seiten. 1966. (148)

II: Erwerbseinkünfte, Gebühren und Beiträge, Allgemeine Steuerlehre. 3., verbesserte Auflage. 154 Seiten. 1966. (391)

III: Besondere Steuerlehre. 2., verbesserte und ergänzte Auflage. 178 Seiten. 1966. (776/776a)

IV: Öffentlicher Kredit. Öffentlicher Haushalt. Finanzausgleich. 191 Seiten. 1964. (782/782a)

Finanzmathematik von *M. Nicolas*. 192 Seiten, 11 Tafeln, 8 Tabellen und 72 Beispiele. 1959. (1183/1183a)

Programmierung von Datenverarbeitungsanlagen von *H. J. Schneider*, *D. Jurksch*. Etwa 128 Seiten, 8 Tabellen, 11 Abbildungen. 1967. (1225/1225a)

Lineare Programmierung von *H. Langen*. Etwa 200 Seiten. (1206/1206a)

Buchhaltung und Bilanz von *E. Kosiol*. 170 Seiten. 1964. (1213/1213a)

Industrie- und Betriebssoziologie von *R. Dahrendorf*. 3. Auflage. 142 Seiten, 3 Figuren. 1965. (103)

Wirtschaftssoziologie von *F. Fürstenberg*. 122 Seiten. 1961. (1193)

Psychologie des Berufs- und Wirtschaftslebens von *W. Moede†*. 190 Seiten, 48 Abbildungen. 1958. (851/851a)

Einführung in die Arbeitswissenschaft von *H. H. Hilf*. 169 Seiten, 57 Abbildungen. 1964. (1212/1212a)

Allgemeine Methodenlehre der Statistik von *J. Pfanzagl*. 2 Bände.

I: Elementare Methoden unter besonderer Berücksichtigung der Anwendungen in den Wirtschafts- und Sozialwissenschaften. 3., neubearbeitete Auflage. 266 Seiten, 50 Abbildungen. 1966. (746/746a)

II: Höhere Methoden unter besonderer Berücksichtigung der Anwendungen in Naturwissenschaften, Medizin und Technik. 2., verbesserte Auflage. 315 Seiten, 41 Abbildungen. 1966. (747/747a)

Zeitungslehre von *E. Dovifat*. 2 Bände. 5., neubearbeitete Auflage.

I: Theoretische und rechtliche Grundlagen — Nachricht und Meinung — Sprache und Form. 149 Seiten. 1966. Im Druck. (1039)

II: Redaktion — Die Sparten: Verlag und Vertrieb, Wirtschaft und Technik — Sicherung der öffentlichen Aufgabe. 168 Seiten. 1966. Im Druck. (1040)

Naturwissenschaften

Mathematik

Geschichte der Mathematik von *J. E. Hofmann*. 4 Bände.

I: Von den Anfängen bis zum Auftreten von Fermat und Descartes. 2., verbesserte und vermehrte Auflage. 251 Seiten. 1963. (226/226a)

II: Von Fermat und Descartes bis zur Erfindung des Calculus und bis zum Ausbau der neuen Methoden. 109 Seiten. 1957. (875)

III: Von den Auseinandersetzungen um den Calculus bis zur französischen Revolution. 107 Seiten. 1957. (882)

IV: Geschichte der Mathematik der neuesten Zeit von *N. Stuloff*. In Vorbereitung. (883)

Mathematische Formelsammlung von *F.O. Ringleb*. 8., verbesserte Auflage. Etwa 320 Seiten, 40 Figuren. 1967. (51/51a)

Vierstellige Tafeln und Gegentafeln für logarithmisches und trigonometrisches Rechnen in zwei Farben zusammengestellt von *H. Schubert* und *R. Haussner*. 3., neubearbeitete Auflage von *J. Erlebach*. 158 Seiten. 1960. (81)

Fünfstellige Logarithmen mit mehreren graphischen Rechentafeln und häufig vorkommenden Zahlenwerten von *A. Adler*. 4. Auflage, überarbeitet von *J. Erlebach*. 127 Seiten, 1 Tafel. 1962. (423)

Arithmetik von *P. B. Fischer†*. 3. Auflage von *H. Rohrbach*. 152 Seiten, 19 Abbildungen. 1958. (47)

Höhere Algebra von *H. Hasse*. 2 Bände. 5., neubearbeitete Auflage.

I: Lineare Gleichungen. 150 Seiten. 1963. (931)

II: Gleichungen höheren Grades. 158 Seiten, 5 Figuren. 1966. (932)

Aufgabensammlung zur höheren Algebra von *H. Hasse* und *W. Klobe*. 3., verbesserte Auflage. 183 Seiten. 1961. (1082)

Elementare und klassische Algebra vom modernen Standpunkt von *W. Krull*. 2 Bände.

I: 3., erweiterte Auflage. 148 Seiten. 1963. (930)

II: 132 Seiten. 1959. (933)

Lineare Programmierung von *H. Langen*. Etwa 200 Seiten. (1206/1206a)

Algebraische Kurven und Flächen von *W. Burau*. 2 Bände.

I: Algebraische Kurven der Ebene. 153 Seiten, 28 Abbildungen. 1962. (435)

II: Algebraische Flächen 3. Grades und Raumkurven 3. und 4. Grades. 162 Seiten, 17 Abbildungen. 1962. (436/436a)

Einführung in die Zahlentheorie von *A. Scholz†*. Überarbeitet und herausgegeben von *B. Schoeneberg*. 4. Auflage. 128 Seiten. 1966. (1131)

Formale Logik von *P. Lorenzen*. 3., durchgesehene und erweiterte Auflage. 184 Seiten. 1966. (1176/1176a)

Topologie von *W. Franz*. 2 Bände.
I: Allgemeine Topologie. 2., verbesserte Auflage. 144 Seiten, 9 Figuren. 1965. (1181)
II: Algebraische Topologie. 153 Seiten. 1965. (1182/1182a)

Elemente der Funktionentheorie von *K. Knopp†*. 7. Auflage. 144 Seiten, 23 Figuren. 1966. (1109)

Funktionentheorie von *K. Knopp†*. 2 Bände. 11. Auflage.
I: Grundlagen der allgemeinen Theorie der analytischen Funktionen. 144 Seiten, 8 Figuren. 1965. (668)
II: Anwendungen und Weiterführung der allgemeinen Theorie. 130 Seiten, 7 Figuren. 1965. (703)

Aufgabensammlung zur Funktionentheorie von *K. Knopp†*. 2 Bände.
I: Aufgaben zur elementaren Funktionentheorie. 7. Auflage. 135 Seiten. 1965. (877)
II: Aufgaben zur höheren Funktionentheorie. 6. Auflage. 151 Seiten. 1964. (878)

Differential- und Integralrechnung von *M. Barner*. (Früher *Witting*). 4 Bände.
I: Grenzwertbegriff, Differentialrechnung. 2., durchgesehene Auflage. 176 Seiten, 39 Figuren. 1963. (86)

Gewöhnliche Differentialgleichungen von *G. Hoheisel*. 7., neubearbeitete und erweiterte Auflage. 142 Seiten. 1965. (920/920a)

Partielle Differentialgleichungen von *G. Hoheisel*. 4., durchgesehene Auflage. 128 Seiten. 1960. (1003)

Aufgabensammlung zu den gewöhnlichen und partiellen Differentialgleichungen von *G. Hoheisel*. 4., neubearbeitete Auflage. 153 Seiten. 1964. (1059/1059a)

Integralgleichungen von *G. Hoheisel*. 2., neubearbeitete und erweiterte Auflage. 112 Seiten. 1963. (1099)

Mengenlehre von *E. Kamke*. 5. Auflage. 194 Seiten, 6 Figuren. 1965. (999/999a)

Gruppentheorie von *L. Baumgartner*. 4., erweiterte Auflage. 190 Seiten, 3 Tafeln. 1964. (837/837a)

Ebene und sphärische Trigonometrie von *G. Hessenberg†*. 5. Auflage, durchgesehen von *H. Kneser*. 172 Seiten, 60 Figuren. 1957. (99)

Darstellende Geometrie von *W. Haack*. 3 Bände.
I: Die wichtigsten Darstellungsmethoden. Grund- und Aufriß ebenflächiger Körper. 5. Auflage. 113 Seiten, 120 Abbildungen. 1965. (142)
II: Körper mit krummen Begrenzungsflächen. Kotierte Projektionen. 4., durchgesehene Auflage. 129 Seiten, 86 Abbildungen. 1965. (143)
III: Axonometrie und Perspektive. 3. Auflage. 129 Seiten, 100 Abbildungen. 1965. (144)

Analytische Geometrie von *K. P. Grotemeyer*. 3., neubearbeitete Auflage. 218 Seiten, 73 Abbildungen. 1964. (65/65a)

Nichteuklidische Geometrie. Hyperbolische Geometrie der Ebene von *R. Baldus†*. 4. Auflage, bearbeitet und ergänzt von *F. Löbell*. 158 Seiten, 75 Figuren. 1964. (970/970a)

Differentialgeometrie von *K. Strubecker*. 3 Bände.
I: Kurventheorie der Ebene und des Raumes. 2., erweiterte Auflage. 253 Seiten, 45 Figuren. 1964. (1113/1113a)
II: Theorie der Flächenmetrik. 195 Seiten, 14 Figuren. 1958. (1179/1179a)
III: Theorie der Flächenkrümmung. 254 Seiten, 38 Figuren. 1959. (1180/1180a)

Variationsrechnung von *L. Koschmieder*. 2 Bände. 2., neubearbeitete Auflage.
I: Das freie und gebundene Extrem einfacher Grundintegrale. 128 Seiten, 23 Figuren. 1962. (1074)
II: Anwendung klassischer Verfahren auf allgemeine Fragen des Extrems. — Neuere unmittelbare Verfahren. In Vorbereitung. (1075)

Einführung in die konforme Abbildung von *L. Bieberbach*. 6. Auflage. Etwa 180 Seiten, 42 Figuren. 1966. In Vorbereitung. (768/768a)

Vektoren und Matrizen von *S. Valentiner*. 4. Auflage. (11., erweiterte Auflage der „Vektoranalysis"). Mit Anhang: Aufgaben zur Vektorrechnung von *H. König*. 206 Seiten, 35 Figuren. 1967. (354/354a)

Wahrscheinlichkeitstheorie und Grundzüge der Maßtheorie von *H. Bauer*. 2 Bände.
I: 154 Seiten. 1964. (1216/1216a)
II: In Vorbereitung. (1217)

Versicherungsmathematik von *F. Böhm*. 2 Bände.
I: Elemente der Versicherungsrechnung. 3., vermehrte und verbesserte Auflage. Durchgesehener Neudruck. 151 Seiten. 1953. (180)
II: Lebensversicherungsmathematik. Einführung in die technischen Grundlagen der Sozialversicherung. 2., verbesserte und vermehrte Auflage. 205 Seiten. 1953. (917/917a)

Finanzmathematik von *M. Nicolas*. 192 Seiten, 11 Tafeln, 8 Tabellen und 72 Beispiele. 1959. (1183/1183a)

Kinematik von *H. R. Müller*. 171 Seiten, 75 Figuren. 1963. (584/584a)

Physik

Einführung in die theoretische Physik von *W. Döring*. 5 Bände.
I: Mechanik. 3., verbesserte Aufl. 125 Seiten, 23 Abb. 1965. (76)
II: Das elektromagnetische Feld. 2., verbesserte Auflage. 132 Seiten, 15 Abbildungen. 1962. (77)
III: Optik. 2., verbesserte Auflage. 117 Seiten, 32 Abbildungen. 1963. (78)
IV: Thermodynamik. 2., verbesserte Auflage. 107 Seiten, 9 Abbildungen. 1964. (374)
V: Statistische Mechanik. 2., umgearbeitete Auflage. 117 Seiten, 10 Abbildungen. 1966. (1017)

Mechanik deformierbarer Körper von *M. Päsler*. 199 Seiten, 48 Abbildungen. 1960. (1189/1189a)

Atomphysik von *K. Bechert, Ch. Gerthsen†* und *A. Flammersfeld.* 7 Bände. 4., durchgesehene Auflage.
I: Allgemeine Grundlagen. 1. Teil von *A. Flammersfeld.* 124 Seiten, 35 Abbildungen. 1959. (1009)
II: Allgemeine Grundlagen. 2. Teil von *A. Flammersfeld.* 112 Seiten, 47 Abbildungen. 1963. (1033)
III: Theorie des Atombaus. 1. Teil von *K. Bechert.* 148 Seiten, 16 Abbildungen. 1963. (1123/1123a)
IV: Theorie des Atombaus. 2. Teil von *K. Bechert.* 170 Seiten, 14 Abbildungen. 1963. (1165/1165a)
Differentialgleichungen der Physik von *F. Sauter.* 4., durchgesehene und ergänzte Auflage. 147 Seiten, 16 Figuren. 1966. (1070)
Physikalische Formelsammlung von *G. Mahler. †.* Fortgeführt von *K. Mahler.* Neubearbeitet von *H. Graewe.* 11. Auflage. 167 Seiten, 69 Figuren. 1963. (136)
Physikalische Aufgabensammlung mit Ergebnissen von *G. Mahler †.* Fortgeführt von *K. Mahler.* Neubearbeitet von *H. Graewe.* 12. Auflage. 141 Seiten. 1964. (243)

Chemie

Geschichte der Chemie in kurzgefaßter Darstellung von *G. Lockemann.* 2 Bände. 2. Auflage.
I: Vom Altertum bis zur Entdeckung des Sauerstoffs. 142 Seiten, 8 Bildnisse. In Vorbereitung. (264)
II: Von der Entdeckung des Sauerstoffs bis zur Gegenwart. 151 Seiten, 16 Bildnisse. In Vorbereitung (265/265a)
Anorganische Chemie von *W. Klemm.* 13. Auflage. 255 Seiten, 34 Abbildungen. 1964. (37/37a)
Organische Chemie von *W. Schlenk jun.* 10., erweiterte Auflage. 273 Seiten, 16 Abbildungen. 1965. (38/38a)
Physikalische Methoden in der Organischen Chemie von *G. Kresze.* 2 Bände.
I: 119 Seiten, 65 Abbildungen. 1962. (44)
II: 164 Seiten. 1962. (45/45a)
Allgemeine und physikalische Chemie von *W. Schulze.* 2 Bände.
I: 6., verbesserte Auflage. 139 Seiten, 10 Figuren. 1964. (71)
II: 6., verbesserte Auflage. 178 Seiten, 37 Figuren. 1966. (698/698a)
Molekülbau. Theoretische Grundlagen und Methoden der Strukturermittlung von *W. Schulze.* 123 Seiten, 43 Figuren. 1958. (786)
Einfache Versuche zur allgemeinen und physikalischen Chemie von *E. Dehn.* 371 Versuche mit 40 Abbildungen. 272 Seiten. 1962. (1201/1201a)
Physikalisch-chemische Rechenaufgaben von *E. Asmus.* 3., verbesserte Auflage. 96 Seiten. 1958. (445)
Maßanalyse. Theorie und Praxis der klassischen und der elektrochemischen Titrierverfahren von *G. Jander* und *K. F. Jahr.* 11., durchgesehene Auflage, mitbearbeitet von *H. Knoll.* 359 Seiten, 56 Figuren. 1966. (221/221a)

Qualitative Analyse von *H. Hofmann* u. *G. Jander*. 2., durchgesehene und verbesserte Auflage. 308 Seiten, 5 Abbildungen. 1963. (247/247 a)

Stöchiometrische Aufgabensammlung von *W. Bahrdt†* und *R. Scheer*. Mit den Ergebnissen. 8., durchgesehene Auflage. 119 Seiten. 1964. (452)

Elektrochemie von *K. Vetter*. 2 Bände.
I: In Vorbereitung. (252)
II: In Vorbereitung. (253)

Geochemie von *K. H. Wedepohl*. 220 Seiten, 26 Abbildungen, 37 Tabellen. 1966. (1224/1224 a/1224 b)

Kristallchemie von *J. Zemann*. 144 Seiten, 90 Abbildungen. 1966. (1220/1220 a)

Technologie

Die Chemie der Kunststoffe von *K. Hamann*, unter Mitarbeit von *W. Funke* und *H. D. Hermann*. 2. Aufl. 143 Seiten. 1966. In Vorbereitung. (1173/1173a)

Warenkunde von *K. Hassak* und *E. Beutel†*. 2 Bände.
I: Anorganische Waren sowie Kohle und Erdöl. 8. Auflage. Neubearbeitet von *A. Kutzelnigg*. 119 Seiten, 18 Figuren. 1958. (222)
II: Organische Waren. 8. Auflage. Vollständig neu bearbeitet von *A. Kutzelnigg*. 157 Seiten, 32 Figuren. 1959. (223)

Die Fette und Öle von *Th. Klug*. 6., verbesserte Auflage. 143 Seiten. 1961. (335)

Die Seifenfabrikation von *K. Braun†*. 3., neubearbeitete und verbesserte Auflage von *Th. Klug*. 116 Seiten, 18 Abbildungen. 1953. (336)

Thermische Verfahrenstechnik von *H. Bock*. 3 Bände.
I: Eigenschaften und Verhalten der realen Stoffe. 184 Seiten, 28 Abbildungen. 1963. (1209/1209 a)
II: Funktion und Berechnung der elementaren Geräte. 195 Seiten, 54 Abbildungen. 1964. (1210/1210 a)
III: Fließbilder, ihre Funktion und ihr Zusammenbau aus Geräten. 224 Seiten, 67 Abbildungen. 1965. (1211/1211 a)

Textilindustrie von *A. Blümcke*.
I: Spinnerei und Zwirnerei. 111 Seiten, 43 Abbildungen. 1954. (184)

Biologie

Einführung in die allgemeine Biologie und ihre philosophischen Grund- und Grenzfragen von *M. Hartmann*. 2., unveränderte Auflage. 132 Seiten, 2 Abbildungen. 1965. (96)

Hormone von *G. Koller*. 2., neubearbeitete und erweiterte Auflage. 187 Seiten, 60 Abbildungen, 19 Tabellen. 1949. (1141)

Fortpflanzung im Tier- und Pflanzenreich von *J. Hämmerling*. 2., ergänzte Auflage. 135 Seiten, 101 Abbildungen. 1951. (1138)

Geschlecht und Geschlechtsbestimmung im Tier- und Pflanzenreich von *M. Hartmann*. 2., verbesserte Auflage. 116 Seiten, 61 Abbildungen, 7 Tabellen. 1951. (1127)

Symbiose der Tiere mit pflanzlichen Mikroorganismen von *P. Buchner*. 2., verbesserte und vermehrte Auflage. 130 Seiten, 121 Abbildungen. 1949. (1128)
Grundriß der allgemeinen Mikrobiologie von *W.* u. *A. Schwartz*. 2 Bände. 2., verbesserte und ergänzte Auflage.
I: 147 Seiten, 25 Abbildungen. 1960. (1155)
II: 142 Seiten, 29 Abbildungen. 1961. (1157)

Botanik

Entwicklungsgeschichte des Pflanzenreiches von *H. Heil*. 2. Auflage. 138 Seiten, 94 Abbildungen, 1 Tabelle. 1950. (1137)
Morphologie der Pflanzen von *L. Geitler*. 3., umgearbeitete Auflage. 126 Seiten, 114 Abbildungen. 1953. (141)
Pflanzengeographie von *L. Diels†*. 5., völlig neu bearbeitete Auflage von *F. Mattick*. 195 Seiten, 2 Karten. 1958. (389/389a)
Die Laubhölzer. Kurzgefaßte Beschreibung der in Mitteleuropa gedeihenden Laubbäume und Sträucher von *F. W. Neger†* und *E. Münch†*. 3., durchgesehene Auflage, herausgegeben von *B. Huber*. 143 Seiten, 63 Figuren, 7 Tabellen. 1950. (718)
Die Nadelhölzer (Koniferen) und übrigen Gymnospermen von *F. W. Neger†* und *E. Münch†*. 4. Auflage, durchgesehen und ergänzt von *B. Huber*. 140 Seiten, 75 Figuren, 4 Tabellen, 3 Karten. 1952. (355)
Pflanzenzüchtung von *H. Kuckuck*. 2 Bände.
I: Grundzüge der Pflanzenzüchtung. 3., völlig umgearbeitete und erweiterte Auflage. 132 Seiten, 22 Abbildungen. 1952. (1134)
II: Spezielle gartenbauliche Pflanzenzüchtung (Züchtung von Gemüse, Obst und Blumen). 178 Seiten, 27 Abbildungen. 1957. (1178/1178a)

Zoologie

Entwicklungsphysiologie der Tiere von *F. Seidel*. 2 Bände.
I: Ei und Furchung. 2. Auflage. Etwa 160 Seiten, 61 Abbildungen. 1966 (1162)
II: Körpergrundgestalt und Organbildung. 2. Auflage. In Vorbereitung (1163)
Vergleichende Physiologie der Tiere von *K. Herter*. 2 Bände. 4. Auflage der „Tierphysiologie".
I: Stoff- und Energiewechsel. Neu bearbeitet von *K. Urich*. 158 Seiten, 61 Abbildungen. 1966. (972/972a)
II: Bewegung und Reizerscheinungen. Neu bearbeitet von *G. Birukow*. In Vorbereitung. (973)
Das Tierreich
I: Einzeller, Protozoen von *E. Reichenow*. 115 Seiten. 59 Abbildungen. 1956. (444)
II: Schwämme und Hohltiere von *H. J. Hannemann*. 95 Seiten, 80 Abbildungen. 1956. (442)

III: Würmer. Platt-, Hohl-, Schnurwürmer, Kamptozoen, Ringelwürmer, Protracheaten, Bärtierchen, Zungenwürmer von *S. Jaeckel*. 114 Seiten, 36 Abbildungen. 1955. (439)
IV, 1: Krebse von *H. E. Gruner* und *K. Deckert*. 114 Seiten, 43 Abbildungen. 1956. (443)
IV, 2: Spinnentiere (Trilobitomorphen, Fühlerlose) und Tausendfüßler von *A. Kaestner*. 96 Seiten, 55 Abbildungen. 1955. (1161)
IV, 3: Insekten von *H. von Lengerken*. 2., neubearbeitete Auflage. 140 Seiten, 59 Abbildungen. 1966. (594)
V: Weichtiere. Urmollusken, Schnecken, Muscheln und Kopffüßer von *S. Jaeckel*. 92 Seiten. 34 Figuren. 1954. (440)
VI: Stachelhäuter. Tentakulaten, Binnenatmer und Pfeilwürmer von *S. Jaeckel*. 100 Seiten, 46 Abbildungen. 1955. (441)
VII, 1: Manteltiere, Schädellose, Rundmäuler von *H. Fechter*. In Vorbereitung. (448)
VII, 2: Fische von *D. Lüdemann*. 130 Seiten, 65 Abbildungen. 1955. (356)
VII, 3: Lurche (Chordatiere) von *K. Herter*. 143 Seiten, 129 Abbildungen. 1955. (847)
VII, 4: Kriechtiere (Chordatiere) von *K. Herter*. 200 Seiten, 142 Abbildungen. 1960. (447/447a)
VII, 5: Vögel (Chordatiere) von *H.-A. Freye*. 156 Seiten, 69 Figuren. 1960. (869)
VII, 6: Säugetiere (Chordatiere) von *Th. Haltenorth*. In Vorbereitung. (282)

Land- und Forstwirtschaft

Landwirtschaftliche Tierzucht. Die Züchtung und Haltung der landwirtschaftlichen Nutztiere von *H. Vogel*. 139 Seiten, 11 Abbildungen. 1952. (228)

Kulturtechnische Bodenverbesserungen von *O. Fauser*. 2 Bände. 5., verbesserte und vermehrte Auflage.
I: Allgemeines, Entwässerung. 127 Seiten, 49 Abbildungen. 1959. (691)
II: Bewässerung, Ödlandkultur, Flurbereinigung. 159 Seiten, 71 Abbildungen. 1961. (692)

Agrikulturchemie von *K. Scharrer*. 2 Bände.
I: Pflanzenernährung. 143 Seiten. 1953. (329)
II: Futtermittelkunde. 192 Seiten. 1956. (330/330a)

Geologie, Mineralogie, Kristallographie

Geologie von *F. Lotze*. 3., verbesserte Auflage. 179 Seiten, 80 Abbildungen. 1965. (13/13a)

Mineral- und Erzlagerstättenkunde von *H. Huttenlocher †*. 2 Bände. 2., neubearbeitete Auflage von *P. Ramdohr*.
I: 137 Seiten, 40 Abbildungen, 2 Tabellen. 1965. (1014/1014a)
II: 135 Seiten, 41 Abbildungen. 1965. (1015/1015a)

Allgemeine Mineralogie. 11., erweiterte Auflage der „Mineralogie" von *R. Brauns †*, neubearbeitet von *K. F. Chudoba*. 152 Seiten, 143 Textfiguren, 1 Tafel, 3 Tabellen. 1963. (29/29a)

Spezielle Mineralogie. 11., erweiterte Auflage der „Mineralogie" von *R. Brauns †*, bearbeitet von *K. F. Chudoba*. 193 Seiten, 127 Textfiguren, 6 Tabellen. 1964. (31/31a)

Petrographie (Gesteinskunde) von *W. Bruhns †*. Neubearbeitet von *P. Ramdohr*. 6., erweiterte Auflage. 141 Seiten, 21 Figuren. 1966. (173)

Geochemie von *K. H. Wedepohl*. 220 Seiten, 26 Abbildungen, 37 Tabellen. 1966. (1224/1224a/1224b)

Kristallchemie von *J. Zemann*. 144 Seiten, 90 Abbildungen. 1966. (1220/1220a)

Kristallographie von *W. Bruhns †*. 6. Auflage, neubearbeitet von *P. Ramdohr*. 115 Seiten, 164 Abbildungen. 1965. (210)

Einführung in die Kristalloptik von *E. Buchwald*. 5., verbesserte Auflage. 128 Seiten, 117 Figuren. 1963. (619/619a)

Lötrohrprobierkunde. Mineraldiagnose mit Lötrohr und Tüpfelreaktion von *M. Henglein*. 4., durchgesehene und erweiterte Auflage. 108 Seiten, 12 Figuren. 1962. (483)

Technik

Graphische Darstellung in Wissenschaft und Technik von *M. Pirani*. 3., erweiterte Auflage bearbeitet von *J. Fischer* unter Benutzung der von *I. Runge* besorgten 2. Auflage. 216 Seiten, 104 Abbildungen. 1957. (728/728a)

Technische Tabellen und Formeln von *W. Müller*. 5., verbesserte und erweiterte Auflage von *E. Schulze*. 165 Seiten, 114 Abbildungen, 99 Tafeln. 1962. (579)

Einführung in die Arbeitswissenschaft von *H. H. Hilf*. 164 Seiten, 57 Abbildungen. 1964. (1212/1212a)

Grundlagen der Straßenverkehrstechnik. Theorie der Leistungsfähigkeit von *E. Engel*. 101 Seiten, 55 Abbildungen. 1962. (1198)

Elektrotechnik

Grundlagen der allgemeinen Elektrotechnik von *O. Mohr*. 3. Auflage. 260 Seiten, 136 Bilder, 14 Tafeln. 1965. (196/196a)

Die Gleichstrommaschine von *K. Humburg*. 2 Bände. 2., durchgesehene Auflage.
I: 102 Seiten, 59 Abbildungen. 1956. (257)
II: 101 Seiten, 38 Abbildungen. 1956. (881)

Die Synchronmaschine von *W. Putz*. 92 Seiten, 64 Bilder. 1962. (1146)

Induktionsmaschinen von *F. Unger*. 2., erweiterte Auflage. 142 Seiten, 49 Abbildungen. 1954. (1140)

Die komplexe Berechnung von Wechselstromschaltungen von *H. H. Meinke*. 3., neubearb. Aufl. 185 S., 126 Abb. 1965. (1156/1156a)

Theoretische Grundlagen zur Berechnung der Schaltgeräte von *F. Kesselring*. 4. Auflage. In Vorbereitung. (711/711a)

Einführung in die Technik selbsttätiger Regelungen von *W. zur Megede*. 3., durchgesehene Aufl. 180 S., 86 Abb. 1966. In Vorb. (714/714a)

Elektromotorische Antriebe von *W. Meyer*. In Vorbereitung. (827/827a)

Überspannungen und Überspannungsschutz von *G. Frühauf*. Durchgesehener Neudruck. 122 Seiten, 98 Abbildungen. 1950. (1132)

Elektrische Höchstspannungs-Schaltanlagen. Für Freiluft und Innenanordnung von *G. Meiners* und *K.-H. Wiesenewsky*. 138 Seiten, 58 Abbildungen. 1964. (796/796a)

Transformatoren von *W. Schäfer*. 4., überarbeitete und ergänzte Auflage. 130 Seiten, 73 Abbildungen. 1962. (952)

Maschinenbau

Thermische Verfahrenstechnik von *H. Bock*. 3 Bände.
I: Eigenschaften und Verhalten der realen Stoffe. 184 Seiten, 28 Abbildungen. 1963. (1209/1209a)
II: Funktion und Berechnung der elementaren Geräte. 195 Seiten, 54 Abbildungen. 1964. (1210/1210a)
III: Fließbilder, ihre Funktion und ihr Zusammenbau aus Geräten. 224 Seiten, 67 Abbildungen. 1965. (1211/1211a)

Technische Thermodynamik von *U. Grigull*. 171 Seiten, 74 Abbildungen. 1966. (1084/1084a)

Metallkunde von *H. Borchers.* 3 Bände.
I: Aufbau der Metalle und Legierungen. 6. Auflage. 120 Seiten, 90 Abbildungen, 2 Tabellen. 1964. (432)
II: Eigenschaften, Grundzüge der Form- und Zustandsgebung. 5., ergänzte und durchgesehene Auflage. 182 Seiten, 107 Abbildungen, 10 Tabellen. 1963. (433/433a)
III: Die metallkundlichen Untersuchungsmethoden von *E. Hanke.* In Vorbereitung (434)

Die Werkstoffe des Maschinenbaues von *A. Thum †* und *C. M. v. Meysenbug.* 2 Bände.
I: Einführung in die Werkstoffprüfung. 2., neubearbeitete Auflage. 100 Seiten, 7 Tabellen, 56 Abbildungen. 1956. (476)
II: Die Konstruktionswerkstoffe. 132 Seiten, 40 Abbildungen. 1959. (936)

Dynamik von *W. Müller.* 2 Bände. 2., verbesserte Auflage.
I: Dynamik des Einzelkörpers. 128 Seiten, 48 Figuren. 1952. (902)
II: Systeme von starren Körpern. 102 Seiten, 41 Figuren. 1952. (903)

Technische Schwingungslehre von *L. Zipperer.* 2 Bände. 2., neubearbeitete Auflage.
I: Allgemeine Schwingungsgleichungen, einfache Schwinger. 120 Seiten, 101 Abbildungen. 1953. (953)
II: Torsionsschwingungen in Maschinenanlagen. 102 Seiten, 59 Abbildungen. 1955. (961/961a)

Werkzeugmaschinen für Metallbearbeitung von *K. P. Matthes.* 2 Bände.
I: 100 Seiten, 27 Abbildungen, 11 Zahlentafeln, 1 Tafelanhang. 1954. (561)
II: Fertigungstechnische Grundlagen der neuzeitlichen Metallbearbeitung. 101 Seiten, 30 Abbildungen, 5 Tafeln. 1955. (562)

Das Maschinenzeichnen mit Einführung in das Konstruieren von *W. Tochtermann.* 2 Bände. 4. Auflage.
I: Das Maschinenzeichnen. 156 Seiten, 75 Tafeln. 1950. (589)
II: Ausgeführte Konstruktionsbeispiele. 130 Seiten, 58 Tafeln. 1950. (590)

Die Maschinenelemente von *E. A. vom Ende †.* 4., überarbeitete Auflage. 184 Seiten, 179 Figuren, 11 Tafeln. 1963. (3/3a)

Die Maschinen der Eisenhüttenwerke von *L. Engel.* 156 Seiten, 95 Abbildungen. 1957. (583/583a)

Walzwerke von *H. Sedlaczek †* unter Mitarbeit von *F. Fischer* und *M. Buch.* 232 Seiten, 157 Abbildungen. 1958. (580/580a)

Getriebelehre von *P. Grodzinski †.* 2 Bände. 3., neubearbeitete Auflage von *G. Lechner.*
I: Geometrische Grundlagen. 164 S., 131 Fig. 1960. (1061)
II: Angewandte Getriebelehre. In Vorbereitung. (1062)

Kinematik von *H. R. Müller.* 171 Seiten, 75 Figuren. 1963. (584/584a)

Gießereitechnik von *H. Jungbluth.* 2 Bände.
I: Eisengießerei. 126 Seiten, 44 Abbildungen. 1951. (1159)

Die Dampfkessel einschließlich Feuerungen und Hilfseinrichtungen. Physikalische und chemische Grundlagen, Berechnung und Konstruktion, Vorschriften und Beispiele von *W. Marcard.* 3., neubearbeitete Auflage von *G. Beyer.* 2 Bände.

I: Physikalische und chemische Grundlagen, Wärmelehre, Wärmeübertragung, Verbrennung. 133 Seiten, 35 Bilder, 26 Tabellen. 1964. (9/9a)

II: Berechnung und Konstruktion. Dampfkessel, Hilfseinrichtungen, Feuerungen, Berechnung. 108 Seiten, 45 Bilder. 1966. (521/521a)

Die Dampfturbinen. Ihre Wirkungsweise, Berechnung und Konstruktion von *C. Zietemann.* 3 Bände.

I: Theorie der Dampfturbinen. 4. Auflage. 139 Seiten, 48 Abbildungen. 1966. In Vorbereitung. (274)

II: Die Berechnung der Dampfturbinen und die Konstruktion der Einzelteile. 4., verbesserte Auflage. 132 Seiten, 111 Abbildungen. 1966. In Vorbereitung. (715)

III: Die Regelung der Dampfturbinen, die Bauarten, Turbinen für Sonderzwecke, Kondensationsanlagen. 3., verbesserte Auflage. 126 Seiten, 90 Abbildungen. 1956. (716)

Verbrennungsmotoren von *W. Endres.* 3 Bände.

I: Überblick. Motor-Brennstoffe. Verbrennung im Motor allgemein, im Otto- und Diesel-Motor. 153 Seiten, 57 Abbildungen. 1958. (1076/1076a)

II: Gaswechselvorgang. Aufladen. Leistung, mittl. Druck, Reibung. Wirkungsgrade und Kraftstoffverbrauch. 152 Seiten, 62 Abbildungen. 1966. (1184/1184a)

III: Die Einzelteile des Verbrennungsmotors. In Vorbereitung. (1185/1185a)

Autogenes Schweißen und Schneiden von *H. Niese.* 5. Auflage, neubearbeitet von *A. Küchler.* 136 Seiten, 71 Figuren. 1953. (499)

Die elektrischen Schweißverfahren von *H. Niese.* 2. Auflage, neubearbeitet von *H. Dienst.* 136 Seiten, 58 Abbildungen. 1955. (1020)

Die Hebezeuge. Entwurf von Winden und Kranen von *G. Tafel.* 2., verbesserte Auflage. 176 Seiten, 230 Figuren. 1954. (414/414a)

Vermessungswesen

Vermessungskunde von *W. Großmann.* 3 Bände.

I: Stückvermessung und Nivellieren. 12., verbesserte Auflage. 156 Seiten, 122 Figuren. 1965. (468)

II: Horizontalaufnahmen und ebene Rechnungen. 9., verbesserte Auflage. 136 Seiten, 101 Figuren. 1963. (469)

III: Trigonometrische und barometrische Höhenmessung. Tachymetrie und Absteckungen. 8., verbesserte Auflage. 140 Seiten, 102 Figuren. 1965. (862)

Kartographie von *V. Heissler.* 2. Auflage. 213 Seiten, 125 Abb., 8 Anlagen. 1966. (30/30a)

Photogrammetrie von *G. Lehmann.* 2., neubearbeitete Auflage. 205 Seiten, 136 Abbildungen. 1966. (1188/1188a)

Wasserbau

Wasserkraftanlagen von *A. Ludin* unter Mitarbeit von *W. Borkenstein*. 2 Bände.
I: Planung, Grundlagen und Grundzüge. 124 Seiten, 60 Abbildungen. 1955. (665)
II: Anordnung und Ausbildung der Hauptbauwerke. 184 Seiten, 91 Abbildungen. 1958. (666/666a)
Verkehrswasserbau von *H. Dehnert*. 3 Bände.
I: Entwurfsgrundlagen, Flußregelungen. 103 Seiten, 53 Abbildungen. 1950. (585)
II: Flußkanalisierung und Schiffahrtskanäle. 94 Seiten, 60 Abbildungen. 1950. (597)
III: Schleusen und Hebewerke. 98 Seiten, 70 Abbildungen. 1950. (1152)
Wehr- und Stauanlagen von *H. Dehnert*. 134 Seiten, 90 Abbildungen. 1952. (965)
Talsperren von *F. Tölke*. 122 Seiten, 70 Abbildungen. 1953. (1044)

Hoch- und Tiefbau

Die wichtigsten Baustoffe des Hoch- und Tiefbaus von *O. Graf †*. 4., verbesserte Auflage. 131 Seiten, 63 Abbildungen. 1953. (984)
Baustoffverarbeitung und Baustellenprüfung des Betons von *A. Kleinlogel*. 2., neubearbeitete und erweiterte Auflage. 126 Seiten, 35 Abbildungen. 1951. (978)
Festigkeitslehre. 2 Bände.
I: Elastizität, Plastizität und Festigkeit der Baustoffe und Bauteile von *W. Gehler †* und *W. Herberg*. Durchgesehener und erweiterter Neudruck. 159 Seiten, 118 Abbildungen. 1952. (1144)
II: Formänderung, Platten, Stabilität und Bruchhypothesen von *W. Herberg* und *N. Dimitrov*. 187 Seiten, 94 Abbildungen. 1955. (1145/1145a)
Grundlagen des Stahlbetonbaues von *A. Troche*. 2., neubearbeitete und erweiterte Auflage. 208 Seiten, 75 Abbildungen, 17 Bemessungstafeln, 20 Rechenbeispiele. 1953. (1078)
Statik der Baukonstruktionen von *A. Teichmann*. 3 Bände.
I: Grundlagen. 101 Seiten, 51 Abbildungen, 8 Formeltafeln. 1956. (119)
II: Statisch bestimmte Stabwerke. 107 Seiten, 52 Abbildungen, 7 Tafeln. 1957. (120)
III: Statisch unbestimmte Systeme. 112 Seiten, 34 Abbildungen, 7 Formeltafeln. 1958. (122)
Fenster, Türen, Tore aus Holz und Metall. Eine Anleitung zu ihrer guten Gestaltung, wirtschaftlichen Bemessung und handwerksgerechten Konstruktion von *W. Wickop †*. 5. Auflage geplant. (1092)

TECHNIK

Heizung und Lüftung von *W. Körting*. 2 Bände. 9., neubearbeitete Auflage.
I: Das Wesen und die Berechnung der Heizungs- und Lüftungsanlagen. 171 Seiten, 29 Abbildungen, 36 Zahlentafeln. 1962. (342/342a)
II: Die Ausführung der Heizungs- und Lüftungsanlagen. 1966. In Vorbereitung. (343)

Industrielle Kraft- und Wärmewirtschaft von *F. A. F. Schmidt* und *A. Beckers*. 167 Seiten, 73 Abbildungen. 1957. (318/318a)

Sammlung Göschen / Bandnummernfolge

1 Langosch, Der Nibelunge Nôt
3/3a v. Ende, Maschinenelemente
9/9a Marcard-Beyer, Dampfkessel I
10 Jiriczek-Wisniewski, Kudrun und Dietrich-Epen
13/13a Lotze, Geologie
18 Maurer, Hartmann von Aue, Der arme Heinrich
19 Altheim, Römische Geschichte I
20 Hofstaetter, Dt. Sprachlehre
22 Maurer, Gottfried von Strassburg
29/29a Brauns-Chudoba, Allgemeine Mineralogie
30/30a Heissler, Kartographie
31/31a Brauns-Chudoba, Spezielle Mineralogie
32 Schneider-Wisniewski, Deutsche Heldensage
35 Treue, Dt. Geschichte von 1648—1740
37/37a Klemm, Anorganische Chemie
38/38a Schlenk, Organische Chemie
39 Treue, Dt. Geschichte von 1713—1806
42 Behn-Hoernes, Vorgeschichte Europas
44 Kresze, Physikalische Methoden in der Organischen Chemie I
45/45a Kresze, Physikalische Methoden in der Organischen Chemie II
47 Fischer-Rohrbach, Arithmetik
51/51a Ringleb, Mathem. Formelsammlung
52 Bieler, Röm. Literaturgesch. I
59 Krahe, Indog. Sprachwiss. I
60 Biehle, Stimmkunde
61 Biehle, Redetechnik
64 Krahe, Indog. Sprachwiss. II
65/65a Grotemeyer, Analyt. Geometrie
66 Berneker-Vasmer, Russische Grammatik
70 Nestle-Liebich, Gesch. d. griechischen Literatur I
71 Schulze, Allgemeine und physikalische Chemie I
76 Döring, Einf. i. d. th. Physik I
77 Döring, Einf. i. d. th. Physik II
78 Döring, Einf. i. d. th. Physik III
79/79a Hempel, Got. Elementarbuch
80 Weigert, Stilkunde I
81 Schubert-Haussner-Erlebach Vierstell. Logarithmentafeln
86 Barner, Differential- u. Integralrechnung I
96 Hartmann, Einf. in die allgem. Biologie

99 Hessenberg-Kneser, Ebene und sphär. Trigonometrie
101 v. Wiese, Soziologie
103 Dahrendorf, Industrie- und Betriebssoziologie
104/104a Hofstätter, Sozialpsychologie
111 Hoffmann-Debrunner, Gesch. der griechischen Sprache I
114 Debrunner, Gesch. der griechischen Sprache II
117 Brandenstein, Griechische Sprachwissenschaft I
118/118a Brandenstein, Griechische Sprachwissenschaft II
119 Teichmann, Statik der Baukonstruktionen I
120 Teichmann, Statik der Baukonstruktionen II
122 Teichmann, Statik der Baukonstruktionen III
128/128a Lausberg, Romanische Sprachwissenschaft I
136 Mahler-Graewe, Physikal. Formelsammlung
141 Geitler, Morphologie der Pflanzen
142 Haack, Darst. Geometrie I
143 Haack, Darst. Geometrie II
144 Haack, Darst. Geometrie III
145/145a Weimer, Gesch. der Pädagogik
148 Kolms, Finanzwissenschaft I
156/156a Landmann, Philosophische Anthropologie
170 Oehlmann, Musik des 19. Jhs.
171/171a Oehlmann, Musik des 20. Jhs.
173 Bruhns-Ramdohr, Petrographie
174 Schlingloff, Religion des Buddhismus I
180 Böhm, Versicherungsmathematik I
184 Blümcke, Textilindustrie I
196/196a Mohr, Grundlagen der allgem. Elektrotechnik
200/200a Gottschald, Dt. Rechtschreibungswörterbuch
210 Bruhns-Ramdohr, Kristallographie
220/220a Moser, Allg. Musiklehre
221/221a Jander-Jahr-Knoll, Maßanalyse
222 Hassak-Beutel-Kutzelnigg, Warenkunde I
223 Hassak-Beutel-Kutzelnigg, Warenkunde II
226/226a Hofmann, Gesch. der Mathematik I
228 Vogel, Landw. Tierzucht
231/231a Ehrlich, Gesch. Israels
238 Krahe, Germ. Sprachwiss. I
243 Mahler-Graewe, Physikal. Aufgabensammlung
247/247a Hofmann-Jander, Qualitative Analyse
250 Lausberg, Romanische Sprachwissenschaft II
252 Vetter, Elektrochemie I
253 Vetter, Elektrochemie II
257 Humburg, Gleichstrommaschine I
264 Lockemann, Gesch. der Chemie I
265/265a Lockemann, Geschichte der Chemie II
270 Kirn, Einführung in die Geschichtswissenschaft
274 Zietemann, Dampfturbinen I
279 Jacob-Hohenleutner, Quellenkunde der deutschen Geschichte I
280 Jacob-Hohenleutner, Quellenkunde der deutschen Geschichte II
281 Leisegang, Einführung in die Philosophie
282 Haltenorth, Säugetiere
284 Jacob-Weden, Quellenkunde der deutschen Geschichte III
318/318a Schmidt-Beckers, Industrielle Kraft- u. Wärmewirtschaft
319 Krug, Australien und Ozeanien
329 Scharrer, Agrikulturchemie I
330/330a Scharrer, Agrikulturchemie II
335 Klug, Fette und Öle
336 Braun-Klug, Seifenfabrikation
342/342a Körting, Heizung und Lüftung I

343 Körting, Heizung und Lüftung II
344 Moser, Musikästhetik
354/354a Valentiner-König, Vektoren und Matrizen
355 Neger-Münch-Huber, Nadelhölzer
356 Lüdemann, Fische
374 Döring, Einf. i.d.th. Physik IV
375 Preller, Geschichte Englands I
389/389a Diels-Mattick, Pflanzengeographie
391 Kolms, Finanzwissenschaft II
394/394a Schilling, Von der Renaissance bis Kant
414/414a Tafel, Hebezeuge
422 Gottschald, Dt. Personennamen
423 Adler-Erlebach, Fünfstellige Logarithmen
432 Borchers, Metallkunde I
433/433a Borchers, Metallkunde II
434 Borchers-Hanke, Metallkunde III
435 Burau, Algebr. Kurven u. Flächen I
436/436a Burau, Algebr. Kurven und Flächen II
439 Jaeckel, Würmer
440 Jaeckel, Weichtiere
441 Jaeckel, Stachelhäuter
442 Hannemann, Schwämme und Hohltiere
443 Gruner-Deckert, Krebse
444 Reichenow, Einzeller
445 Asmus, Physikal.-chem. Rechenaufgaben
447/447a Herter, Kriechtiere
448 Fechter, Manteltiere
452 Bahrdt-Scheer, Stöchiometrische Aufgabensammlung
468 Großmann, Vermessungskunde I
469 Großmann, Vermessungskunde II
476 Thum-Meysenbug, Die Werkstoffe des Maschinenbaues I
483 Henglein, Lötrohrprobierkunde
492/492a Stolz-Debrunner-Schmid Geschichte der lateinischen Sprache
499 Niese-Küchler, Autogenes Schweißen
500 Simmel, Hauptprobleme der Philosophie
521/521a Marcard-Beyer, Dampfkessel II
536 Lehmann, Kant
538 Rumpf, Archäologie I
539 Rumpf, Archäologie II
540 Rumpf, Archäologie III
557 Nestle-Liebich, Gesch. der griech. Literatur II
561 Matthes, Werkzeugmaschinen I
562 Matthes, Werkzeugmaschinen II
564 Behn-Hoernes, Kultur der Urzeit I
565 Behn-Hoernes, Kultur der Urzeit II
566 Behn-Hoernes, Kultur der Urzeit III
571 Lehmann, Philosophie des 19. Jahrhunderts I
576/576a Moser, Gesangskunst
579 Müller-Schulze, Techn. Tabellen
580/580a Sedlaczek-Fischer-Buch, Walzwerke
583/583a Engel, Maschinen der Eisenhüttenwerke
584/584a Müller, Kinematik
585 Dehnert, Verkehrswasserbau I
587 Kalitsunakis-Steinmetz, Neugriech.-dt. Gesprächsbuch
589 Tochtermann, Maschinenzeichnen I
590 Tochtermann, Maschinenzeichnen II
594 v. Lengerken, Insekten
597 Dehnert, Verkehrswasserbau II
601 Mutschmann-Scherer, Engl. Phonetik
608/608a/608b Erman-Krückmann, Hieroglyphen
619/619a Buchwald, Kristalloptik
665 Ludin-Borkenstein, Wasserkraftanlagen I
666/666a Ludin-Borkenstein, Wasserkraftanlagen II

668 Knopp, Funktionentheorie I
677 Altheim, Röm. Geschichte II
679 Altheim, Röm. Geschichte III
684 Altheim, Röm. Geschichte IV
691 Fauser, Kulturtechn. Bodenverbesserungen I
692 Fauser, Kulturtechn. Bodenverbesserungen II
698/698a Schulze, Allgemeine u. physikalische Chemie II
703 Knopp, Funktionentheorie II
708/708a/708b Meissner-Oberhuber, Keilschrift
709 Lehmann, Philosophie des 19. Jahrhunderts II
711/711a Kesselring, Berechnung der Schaltgeräte
714/714a zur Megede, Technik selbsttätiger Regelungen
715 Zietemann, Dampfturbinen II
716 Zietemann, Dampfturbinen III
718 Neger-Münch-Huber, Laubhölzer
728/728a Pirani-Fischer-Runge, Graph. Darstellung in Wissenschaft u. Technik
735 Ekwall, Historische neuengl. Laut- und Formenlehre
746/746a Pfanzagl, Allg. Methodenlehre der Statistik I
747/747a Pfanzagl, Allg. Methodenlehre der Statistik II
756/756a Kalitsunakis, Gramm. d. Neugriech. Volksspr.
763/763a/763b Meyer, Hebräische Grammatik I
764/764a/764b Meyer, Hebräische Grammatik II
765/765a/765b Meyer, Hebräische Grammatik III
768/768a Bieberbach, Einführung in die konforme Abbildung
769/769a Beer-Meyer, Hebräisches Textbuch
770 Schlingloff, Religion des Buddhismus II
776 a Kolms, Finanzwissensch. III
780 Krahe, Germ. Sprachwiss. II
781 Weigert, Stilkunde II
782/782a Kolms, Finanzwissenschaft IV
786 Schulze, Molekülbau
796/796a Meiners-Wiesenewsky, Elektr. Höchstspannungs-Schaltanlagen
807 Kropp, Erkenntnistheorie
809 Moser, Harmonielehre I
810 Moser, Harmonielehre II
826 Koch, Philosophie d. Mittelalters
827/827a Meyer, Elektromotorische Antriebe
831 Erismann, Allg. Psychologie I
832/832a Erismann, Allg. Psychologie II
833 Erismann, Allg. Psychologie III
834/834a Erismann, Allg. Psychologie IV
837/837a Baumgartner, Gruppentheorie
845 Lehmann, Philosophie im ersten Drittel des 20. Jhs. I
847 Herter, Lurche
850 Lehmann, Philosophie im ersten Drittel des 20. Jhs. II
851/851a Moede, Psychologie des Berufs- und Wirtschaftslebens
857 Capelle, Griech. Philosophie I
858 Capelle, Griech. Philos. II
859 Capelle, Griech. Philos. III
862 Großmann, Vermessungskunde III
863 Capelle, Griech. Philos. IV
866 Bieler, Röm. Literaturgeschichte II
869 Freye, Vögel
875 Hofmann, Geschichte der Mathematik II
877 Knopp, Aufgabensammlung zur Funktionentheorie I
878 Knopp, Aufgabensammlung zur Funktionentheorie II
881 Humburg, Gleichstrommaschine II
882 Hofmann, Geschichte der Mathematik III
883 Stuloff, Mathematik der neuesten Zeit
893 Treue, Dt. Geschichte von 1806—1890

894 Treue, Dt. Geschichte von 1890 bis zur Gegenwart
896 Pokorny, Altirische Gramm.
902 Müller, Dynamik I
903 Müller, Dynamik II
910 Jaeger, Afrika I
911 Jaeger, Afrika II
915 Sperber-v. Polenz, Gesch. der Deutschen Sprache
917/917a Böhm, Versicherungsmathematik II
920/920a Hoheisel, Gewöhnliche Differentialgleichungen
921 Jantzen-Kolb, W. v. Eschenbach. Parzival
924/924a Brandenstein, Griechische Sprachwissenschaft III
929 Schirmer-Mitzka, Dt. Wortkunde
930 Krull, Elementare und klassische Algebra I
931 Hasse, Höhere Algebra I
932 Hasse, Höhere Algebra II
933 Krull, Elementare und klassische Algebra II
936 Thum-Meysenbug, Werkstoffe d. Maschinenbaues II
942/942a Damerau, Polnische Grammatik
952 Schäfer, Transformatoren
953 Zipperer, Techn. Schwingungslehre I
961/961a Zipperer, Techn. Schwingungslehre II
965 Dehnert, Wehr- und Stauanlagen
970/970a Baldus-Löbell, Nichteuklidische Geometrie
972/972a Herter-Urich, Vergleichende Physiologie der Tiere I
973 Herter-Birukow, Vergleichende Physiologie der Tiere II
978 Kleinlogel, Baustoffverarbeitung und Baustellenprüfung d. Betons
984 Graf, Baustoffe des Hoch- und Tiefbaues
999/999a Kamke, Mengenlehre
1000 Jaspers, Geistige Situat. der Zeit
1003 Hoheisel, Partielle Differentialgleichung
1008/1008a Mellerowicz, Allgem. Betriebswirtschaftslehre I
1009 Bechert-Gerthsen-Flammersfeld, Atomphysik I
1014/1014a Huttenlocher-Ramdohr, Mineral- und Erzlagerstättenkunde I
1015/1015a Huttenlocher-Ramdohr, Mineral- u. Erzlagerstättenkunde II
1017 Döring, Einf. i. d. th. Physik V
1020 Niese-Dienst, Elektrische Schweißverfahren
1031/1031a Apel-Ludz, Philosophisches Wörterbuch
1033 Bechert-Gerthsen-Flammersfeld, Atomphysik II
1034 Kranefeldt-Jung Therapeutische Psychologie
1035 Altheim, Röm. Religionsgeschichte I
1039 Dovifat, Zeitungslehre I
1040 Dovifat, Zeitungslehre II
1044 Tölke, Talsperren
1045 Schubert, Technik des Klavierspiels
1051/1051a Stolberg-Wernigerode, Gesch. d. Vereinigten Staaten
1052 Altheim, Röm. Religionsgeschichte II
1059/1059a Hoheisel, Aufgabenslg. z. d. gew u. part. Differentialgleichungen
1061 Grodzinski-Lechner, Getriebelehre I
1062 Grodzinski-Lechner, Getriebelehre II
1065 Haller-Dannenbauer, Von d. Karolingern zu den Staufern
1070 Sauter, Differentialgleichungen der Physik
1074 Koschmieder, Variationsrechnung I
1075 Koschmieder, Variationsrechnung II
1076/1076a Endres, Verbrennungsmotoren I

1077 Haller-Dannenbauer, Von den Staufern zu den Habsburgern
1078 Troche, Stahlbetonbau
1082 Hasse-Klobe, Aufgabensammlung zur höheren Algebra
1034/1084a Grigull, Techn. Thermodynamik
1085 Lietzmann-Aland, Zeitrechnung
1086 Müller, Dt. Dichten und Denken
1088 Preller, Gesch. Englands II
1092 Wickop, Fenster, Türen, Tore
1094 Hernried, System, Modulation
1096 Viëtor, Dt. Dichten und Denken
1099 Hoheisel, Integralgleichungen
1105 Hartung, Dt. Geschichte im Zeitalter der Reformation
1108 de Boor-Wisniewski, Mittelhochdeutsche Grammatik
1109 Knopp, Elemente der Funktionentheorie
1111/1111a Naumann-Betz, Althochdt. Elementarbuch
1113/1113a Strubecker, Differentialgeometrie I
1114 Schubel, Engl. Literaturgeschichte I
1115/1115a Ranke-Hofmann, Altnord. Elementarbuch
1116 Schubel, Engl. Literaturgeschichte II
1117 Haller-Dannenbauer, Eintritt der Germanen in die Geschichte
1121 Naumann, Dt. Dichten u. Denken
1122/1122a Jesch, Sprecherziehung
1123/1123a Bechert-Gerthsen-Flammersfeld, Atomphysik III
1124 Schubel, Engl. Literaturgeschichte III
1125 Lehnert, Altengl. Elementarbuch
1127 Hartmann, Geschlecht u. Geschlechtsbestimmung im Tier- und Pflanzenreich
1128 Buchner, Symbiose d. Tiere
1130 Dibelius-Kümmel, Jesus
1131 Scholz-Schoeneberg, Einführung in die Zahlentheorie
1132 Frühauf, Überspannungen
1134 Kuckuck, Pflanzenzüchtung I
1135 Lehnert, Beowulf
1137 Heil, Entwicklungsgesch. d. Pflanzenreiches
1138 Hämmerling, Fortpflanzung im Tier- und Pflanzenreich
1140 Unger, Induktionsmaschine
1141 Koller, Hormone
1142 Meissner-Lehnert, Shakespeare
1144 Gehler-Herberg, Festigkeitslehre I
1145/1145a Herberg-Dimitrov, Festigkeitslehre II
1146 Putz, Synchronmaschine
1147 v. Waltershausen, Kunst d. Dirigierens
1148 Pepping, Der polyphone Satz I
1152 Dehnert, Verkehrswasserbau III
1153/1153a Mellerowicz, Allgem. Betriebswirtschaftslehre II
1154/1154a Mellerowicz, Allgem. Betriebswirtschaftslehre III
1155 Schwartz, Mikrobiologie I
1156/1156a Meinke, Komplexe Berechnungen v. Wechselstromschaltungen
1157 Schwartz, Mikrobiologie II
1158/1158a Mayrhofer, Sanskrit-Grammatik
1159 Jungbluth, Gießereitechnik I
1160 Dibelius-Kümmel, Paulus
1161 Kaestner, Spinnentiere
1162 Seidel, Entwicklungsphysiologie der Tiere I
1163 Seidel, Entwicklungsphysiologie der Tiere II
1164/1164a Pepping, Der polyphone Satz II

1165/1165a Bechert-Gerthsen-Flammersfeld, Atomphysik IV
1169 Paulsen, Allgemeine Volkswirtschaftslehre I
1170 Paulsen, Allgemeine Volkswirtschaftslehre II
1171 Paulsen, Allgemeine Volkswirtschaftslehre III
1172 Paulsen, Allgemeine Volkswirtschaftslehre IV
1173/1173a Hamann-Funke-Hermann, Chemie der Kunststoffe
1176/1176a Lorenzen, Form. Logik
1178/1178a Kuckuck, Pflanzenzüchtung II
1179/1179a Strubecker, Differentialgeometrie II
1180/1180a Strubecker, Differentialgeometrie III
1181 Franz, Topologie I
1182/1182a Franz, Topologie II
1183/1183a Nicolas, Finanzmathematik
1184/1184a Endres, Verbrennungsmotoren II
1185/1185a Endres, Verbrennungsmotoren III
1186/1186a Mellerowicz, Allgem. Betriebswirtschaftslehre IV
1187 Lau, Luther
1188/1188a Lehmann, Photogrammetrie
1189/1189a Päsler, Mechanik
1190 Stupperich, Melanchthon
1191/1191a Bräuer, Slav. Sprachwissenschaft I
1193 Fürstenberg, Wirtschaftssoziologie
1194 Wendt, Gesch. d. Volkswirtschaftslehre
1195 Ohm Allgem. Volkswirtschaftspolitik I
1196 Ohm, Allgem. Volkswirtschaftspolitik II
1197/1197a Onasch, Einf. in die Konfessionskunde der orthodoxen Kirchen
1198 Engel, Straßenverkehrstechnik
1199 Lausberg, Romanische Sprachwissenschaft III, 1. Teil
1200/1200a Lausberg, Romanische Sprachwissenschaft III, 2. Teil
1201/1201a Dehn, Versuche zur allgem. u. phys. Chemie
1202/1202a Nagel, Gesch. des christl. Gottesdienstes
1203 Wendland, Sozialethik
1204 Scheurig, Zeitgeschichte
1205/1205a Hofmann, Ideengeschichte d. soz. Bewegung
1206/1206a Langen, Lineare Programmierung
1208 Lausberg, Romanische Sprachwissenschaft IV
1209/1209a Bock, Therm. Verfahrenstechnik I
1210/1210a Bock. Therm. Verfahrenstechnik II
1211/1211a Bock, Therm. Verfahrenstechnik III
1212/1212a Hilf, Arbeitswissenschaft
1213/1213a Kosiol, Buchhaltung und Bilanz
1216/1216a Bauer, Wahrscheinlichkeitstheorie I
1217 Bauer, Wahrscheinlichkeitstheorie II
1218/1218a/1218b Meid, Germ. Sprachwiss. III
1219 Schmidt-Clausing, Zwingli
1220/1220a Zemann, Kristallchemie
1221 Gerdes, Kierkegaard
1222/1222a Tschižewskij, Slav. Literaturen I
1223/1223a Tschižewskij, Slav. Literaturen II
1224/1224a/1224b Wedepohl, Geochemie
1225/1225a Schneider-Jurksch, Datenverarbeitungsanlagen
1226/1226a Weinstock, Mittelenglisches Elementarbuch
1227/1227a Wedig, Übungsaufgaben zur Allgem. Volkswirtschaftslehre I/II

Autorenregister

Printed in Germany 150. VIII. 66

FSC
www.fsc.org
MIX
Papier | Fördert gute Waldnutzung
FSC® C083411

Zeitfracht Medien GmbH
Ferdinand-Jühlke-Straße 7
99095 Erfurt, Deutschland
produktsicherheit@kolibri360.de